엄마의 **마음자세**가
아이의 **인생**을
결정한다

엄마의 마음자세가
아이의 인생을
결정한다

DER LILITH KOMPLEX

릴리스 콤플렉스 극복하기

한스 요아힘 마츠 지음 | 이미옥 옮김

| 참솔 |

한국의 독자들에게

미래를 위하여 부모가 할 수 있는 가장 확실한 투자는 아이들을 훌륭하게 키우는 일이다.

엄마와 아기의 관계는 그 아이의 평생을 좌우할 만큼 아주 중요하다고 프로이트는 말했다. 그러니까 어린 아이에게 꼭 필요한 것은 최고로 안정된 인간관계인 것이다. 인간관계란 타인과 접촉할 때, 자신의 동기와 욕구를 이해하고, 상대방의 욕구도 배려하면서 받아들이는 자세를 의미한다. 바람직한 관계는 차이와 다양성을 인정하는 마음자세에서 나온다.

아이의 자존심은 어린 시절 부모에게 받은 사랑에서 시작된다. 그것은 아이가 어른이 되었을 때 소중한 삶의 원칙을 마련해준다. 즉, 인생의 중심에 자신을 두며, 자신의 이익을 위해 타인을 나쁘게 이용하지 않는 것!

어머니의 사랑은 세상에서 가장 고귀한 가치를 지닌 것이다. 그 사랑은 상대방을 그의 방식으로 이해하고, 그의 기준에 맞춰 좋은 무엇을 해주려는 마음자세이다. 당연히 사랑이 성숙하도록 도와준다. 물론 모든 아이에게 훌륭한 엄마가 필요하지만, 어떤 엄마도 이런 기준에 완벽하게 따르지 못한다. 모든 어머니가 참된 사랑을 베푸는데 한계가 있다는 뜻이다.

'릴리스 콤플렉스'를 통하여, 나는 이 모성애의 한계를 설명하고, 위선적

4

인 모성애를 강요하는 사회의 심리적인 요인을 찾고자 노력했다. 또한 잘못된 마음자세가 불러오는 사회 전반의 비극적 모습도 보여주고자 한다.

어린 시절, 엄마와의 관계를 바르게 맺지 못하면, 성장한 후에도 자신을 믿지 못하고 상대에게 끌려다니며 인간관계도 점차 불안정해진다. 충족되지 않았던 어머니에 대한 사랑은 물질과 눈에 보이는 쾌락으로 채워지며, 사랑은 돈으로 바뀌지고…….

통일 과정에서 독일이 범한 실수 역시 모성애의 장애가 가져온 결과라고볼 수 있다. 구동독에서 '모성애 결핍'은 물질적인 욕구에 집착하게 만들었고, 서독에서 '모성애 중독'은 경제적 성장에만 눈 멀도록 만들었다. 현재정치경제적 이유에서 비롯된 사회의 위기를 풀 수 있는 길은, 정직한 모성애적 가치를 바탕으로 사회의 여러 관계를 새롭게 짜는 데 있다.

자녀교육에도 뜨거운 에너지를 열정적으로 실천하는 한국의 모든 부모님들께 이 책이 큰 도움이 되기를 진심으로 바란다.

독일의 할레 기독병원에서
한스 요아힘 마츠

차례

지난 10년 동안 나는 꽤 다양한 활동으로 폭넓은 경험을 쌓을 수 있었다. 덕분에 우리 사회에 새롭게 불거진 갈등의 주요한 원인과 여러 병적인 증후를 설명해줄 수 있는 키워드를 과외로 발견하게 되었다. 그것은 바로 어머니의 사랑, 즉 엄마의 마음자세에 관한 문제였다. 이로 인해 개인과 가정, 우리 사회 전반에 혼란이 일어나게 되는 것이다.

나는 올바른 모성애적 태도가 얼마나 중요한지, 위선적이고 잘못된 모성애가 눈에 넣어도 아프지 않을 귀여운 자녀를 어떻게 멍들게 하는지 꼭 말해주고 싶다. 그리고 모성의 본질적인 특성과 능력 — 출산, 수유, 육아, 보호 등 — 뿐 아니라, 어머니의 마음자세가 아이의 성장과 교육에 미치는 엄청난 영향과 사회 전체의 행복에 미치는 어마어마한 의미를 말하고자 한다.

여기서 내가 제일 소중하게 여기는 것은 아이들의 욕구이다. 따라서 우리 아이들을 조화롭고 올바르게 키우기 위해 강조해야 할 핵심이 무엇인지 자세하게 설명할 것이다. 또 아이가 유년시절에 가족들, 특히 어머니와 친밀한 관계를 맺지 못했거나, 이때 받은 심리적인 상처 혹은 욕구불만이 나중에 어떤 결과를 가져오는지 분명하게 보여주겠다.

사실 오늘날의 교육제도, 사회 분위기, 문화적 배경이 아이들에게 '초기장애'를 불러일으킨다는 것이 대중적인 이슈로 크게 부각되는 현실에서도 알 수 있듯이, 훌륭하게 성장한 개인과 균형 잡힌 성숙한 사회 사이에는 긴밀한 연관성이 있다.

이처럼 중요한 발견을 할 수 있었던 것은 모두 나의 환자들 덕분이었다. 그들은 치료 과정에서 어린 시절의 경험을 어렵게 얘기해주었는데,[1] 사실 당사자들은 그 경험을 매우 고통스럽게 기억하기에 가능하면 이야기하고 싶지 않을 것이다.

만약 어떤 아이가 부모의 원치 않는 아기였으며, 사랑도 거의 받지 못했고, 기본적인 욕구도 제대로 채우지 못한 채 자랐다면, 이 아이는 정신적 충격을 받고 성장한 것이 분명하다. 이런 충격은 아이가 바람직한 인격체로 성장하는데 부정적인 영향을 미치게 된다.

이런 사실이 우리를 경악하게 만들지만, 다음의 사실은 사태를 더욱 충격적으로 만든다. 즉, 어린 시절에 일어난 어떤 하나의 사건이 아이에게 결정적인 영향을 주는 것이 아니라, 엄마와 아기 사이에 맺

---

[1] 모든 사례는 나의 환자들이 직접 체험한 내용이다. 개인의 정보 보호를 위해, 이름, 나이, 직업, 내용 등등을 조금씩 변화시켜 소개한다.

은 전반적인 관계가 영향의 원인이 된다는 점이다. 이런 사실은 겉으로 잘 드러나지 않고 심지어 가족조차 전혀 모를 수 있다. 바로 여기에 비극이 도사리고 있다.

모든 부모는 아이를 위해 최선을 다하고자 노력하며, 시대가 요구하는 방향으로 움직인다. 의도적이든 의도적이지 않든, 모든 부모는 아이들의 감정을 은근히 억압하면서 그들의 반응을 충분히 이해하지 않은 채로 아이에게 거는 기대가, 결국 자녀에게 폭력을 가하는 결과가 된다는 사실을 전혀 배우지 못했다.

많은 사람으로부터 어린 시절에 겪었던 불행하고 가슴 아픈 경험을 들으며, 나도 그 고통에 동반자가 될 수 있었다. 쓰라린 고백을 들을 때마다 떠오르는 고민은 부모의 책임에 관한 문제였다.

기본적으로 부모에게 자녀교육의 책임이 있다는 사실은 의심할 여지가 없다. 그렇다고 모든 어버이가 반드시 좋은 부모라고 말할 수는 없다. 왜냐하면 자신도 의식하지 못한 채 좋지 않은 부모로서의 마음자세와 가치관을 지니게 되었을지 모른다. 또 좋은 부모가 되고 싶어도 도무지 기회를 제공하지 않는 불행한 여건 때문에 훌륭한 부모가 되지 못했을 수도 있다.

치료를 받는 과정에서 대부분의 사람들은 부모의 잘못된 마음자세에 대하여 분노를 터뜨리고 원망, 실망, 고통, 비애를 털어놓는다. 이렇게 해야만 그들의 정신적 상처가 치유될 수 있다. 이 과정에서 우리가 분석하는 부모는 현재의 부모가 아니라 '내재된 부모'이다. 즉, 부모에 대한 기억이자 환자의 마음속에 저장된 부모로, 성장하는 자녀의 삶에 불행의 그늘을 가져다준 부모인 것이다.

따라서 치료의 목표는 현재 살아 있는 부모와 화해하는 데 있지 않고, 마음속에 존재하는 부모와 화해하는 것이다. 이 과정을 통하여 사람들은 실제의 부모와 정상적인 관계를 맺으며, 비로소 잘 지낼 수도 있게 된다.

이때 언어를 사용하지 않고 무의식적인 심리를 통해 치료하는 기법을 개발하는 일이 아주 중요했다. 그렇지 않으면, 사람들은 아직 말을 할 수 없었던 갓난아기 시절로 되돌아갔을 때 자신을 표현할 수 없기 때문이다.

그래서 고전적인 정신분석학의 입장을 포기해야 할 때가 많았지만, 사람들은 의외로 언어사용 이전단계로 쉽게 들어갈 수 있었다. 또 우리가 무의식의 치료를 위해 개발한 다양한 이미지와 그림, 음악 등에도 반응을 보였다. 정신분석에서 등장하는 긴 소파, 의사와 환자 사이의 신뢰에 찬 관계, 무의식에 이르는 감정 과정을 고려하지 않았다면 이 작업은 도저히 불가능했을 것이다.

사실 충동이론과 오이디푸스 콤플렉스처럼 정신분석학에서 중요한 자리를 차지하고 있던 이론들은, 지난 20년 동안 발달해온 유아와 아동의 연구 측면에서 보면 더이상 핵심 이론이 아니다. 충동이론은 아이에게 성적인 욕구와 공격적인 성향을 길들이고 훈련할 책임을 부모에게 부여했지만, 아이가 사회·심리적으로 비정상적인 성장을 한 것에 대한 부모의 영향과 책임을 소홀히 다루었다. 또 공격성의 수동적인 측면을 인정하지 않았다.

오이디푸스 신화에는 아이를 죽음으로 내몬 부모의 죄가 그려져 있는데, 사실 이 신화의 내용이 이성의 부모에게는 성적인 관심을 느끼고, 동성의 부모는 경쟁자로 여긴다는 콤플렉스와 전혀 맞지 않는다. 지금껏 나의 치료 경험에 의하면, 부모와 성적인 관계 혹은 질투심을 느끼는 관계가 형성되는 이유는 예외 없이 아이의 기본적인 욕구를 어린 시절 부모가 충족시키지 못해 생긴 상처의 결과였다.

이 책이 환자들의 심리를 분석한 임상기록에서 비롯되었다고 해서, 일반성이 부족한 내용이라고 생각하면 매우 곤란하다. 오히려 그 반대가 맞다.

다시 말해, 심리치료를 받은 적이 없는 사람들도 유년기의 장애를 지니고 있다. 다만 그들은 이것을 다양한 방법으로 해소하고 있을 뿐이다. 그 결과 여러 병적인 징후(나치즘, 사회주의, 극좌파와 극우파, 테러리즘, 근본주의, 소비지상주의 등)가 생겨난다고 볼 수 있다.

그래서 '정상'으로 흔히 분류되지만, 사실은 지극히 비정상적이고 비극적인 결과를 가져오는 엄마의 마음자세에 대해서도 많은 지면을 할애하겠다.

이 책에서 말하는 모성애는 어머니로서 반드시 담당해야 할 역할이나 기능만 가리키는 것이 아니다. 우리 사회에서 인정하는 모성애적인 가치와 문화도 함께 의미한다. 물론 아버지도 어머니다울 수 있고, 모성애적인 능력을 살릴 수도 있다(어머니가 부성애를 가질 수 있듯이). 그러므로 여기서 말하는 모성애란 문화 전반에서의 모성애적인 모습에 관한 것이다.

나는 모성애가 지금보다 더욱 건강하고 지혜로우며 풍성해져야 한다고 주장한다. 왜 이런 주장을 펴게 됐는지 이유도 설명할 것이다. 그리고 모성애에 문제가 발생하면 아이의 인생에 어떤 결과가 오는지는 물론, 문제를 예방하는 길도 동시에 찾아보겠다.

어머니의 사랑에 장애를 가져온 것이 누구의 책임이라고 지적할 생각은 추호도 없다. 우리 모두가 희생자인 동시에 가해자이기 때문이다. 비정상적이고 잘못된 어머니의 마음자세가 아이들에게 미치는 끔찍한 영향에 대하여 함께 책임감을 느껴야 한다.

'아담'의 첫번째 아내이자『구약』속의 인물인 '릴리스'라는 캐릭터에서, 나는 기독교가 금기시하는 신화를 발견했다. 이 신화야말로 전세계에 널리 퍼져 있는 비정상적이고 가부장적인 어머니의 사랑을 설명해줄 수 있다. 릴리스를 인정하지 않는 개인이나 사회는 여러 형태로 병적인 모습을 보인다. 이런 증후의 원인, 즉 릴리스를 억압하고 인정하지 않는 심리를 '릴리스 콤플렉스'라고 부르겠다.

1

Der Lilith Komplex

릴리스 콤플렉스란
무엇인가

아담의 첫번째 아내, 릴리스

동서고금을 통틀어, 언제나 고귀한 가치가 부여된 어머니의 사랑에 장애가 발생할 수 있다니, 무슨 뚱딴지 같은 소리인가? 그러고 보니, 우리는 어머니의 사랑에 어떤 의문도 품어보지 않았다. 늘 어머니의 사랑에 '헌신'과 '희생'이라는 찬사와 감사만 바쳐왔다. 실제로 누군가의 삶이 엉망으로 뒤엉키며 불행에 빠져드는데도, '모성애'를 진지한 주제로 삼기는커녕, 왜 기본적인 문제제기조차 못하는 것일까?

기독교는 모성애를 마리아상과 동일시하며 최상의 반열에 올려놓았고, 나치는 모성을 범죄에 악용하였으며, 일부 여성해방운동가들은 모성을 평가절하하고, '보수적이고 반동적인' 삶의 양식으로 낙인 찍어버렸다. 그러나 대부분의 사람들은 마음속에 이상적인 어머니상을 무비판적으로 고이 간직하고 있다.

모든 사람은 자신의 어머니에게 불만족스러운 기억을 가지고 있다고 믿는다. 우리가 머릿속에 어머니를 떠올릴 때, 기억에서 제외시키고 싶은 부분이 있다는 뜻이다.

이 책을 통하여, 어떤 사람은 고통에 찬 유년시절의 경험을 아프게 떠올리거나, 혹은 쓰라린 경험을 애써 무시하거나, 이도 저도 아니면 이 책의 내용을 의심하거나 거부할 것이다.

모성애의 장애를 완벽하게 설명해줄 수 있는 여자이자 신화 속의 인물인 릴리스의 운명에 대해 아는 사람은 독실한 기독교인 중에서도 그리 많지 않다. 하지만 수천년 역사를 지닌 '릴리스 신화'는 가부장적 사회의 모순에 찬 모습을 잘 지적해준다.

기독교에 따르면, 최초의 인간 아담과 이브는 한 명의 아버지인 신에 의해서 창조되었다. 어머니인 여신도 아니고, 아버지와 어머니라는 두 명의 신에 의해 창조된 것도 아니다. 따라서 우리는 부모로서의 삶, 부부관계, 그리고 부부의 성생활에 대하여 신화에서 그 본보기를 찾을 수 없다. 아담과 이브를 어머니 없이 창조했으니 당연한 결과가 아니겠는가!

그러나 유대교에 따르면, 「창세기」 1장에 근거해 릴리스를 아담의 첫번째 부인으로 불러야 옳다. 유대인의 역사 『구약』에 의하면, 신은 아담을 창조한 것과 같은 방식으로 릴리스를 창조했다. 하지만 아담과 릴리스는 평화롭게 살 수 없었다. 그녀는 아담에게 복종하지 않았고, 모두 흙으로 빚어졌으니 서로 동등하다고 주장했다.

성행위에서 릴리스가 아담 아래에 눕는 자세를 거절한 행동은 그녀의 동등권을 상징적으로 표현해준다. 그녀는 사랑의 유희에서도 적극적으로 행동하며 '위에 올라가기'를 희망했다. 이렇듯 릴리스가 복종을 거부하고 동등권을 내세우자, 아담은 불안해 하며 화를 냈다. 최초의 부부싸움은 릴리스가 낙원에서 도망가는 것으로 끝이 난다. 그리하여 릴리스는 '관능적인 여자'의 화신이 되었고, 더 나중에는 창녀의 수호신이자 자위행위를 하는 악녀, 금지된 쾌락의 길로 유혹하는 여자의 상징이 되었다. 융(C. G. Jung)의 심리학에서 그녀는 부정적인 아니마*로 해석되고 있다.

　이러한 남녀간의 대립은 이슬람교의 성서에서도 찾아볼 수 있는데, 가령 "여자를 하늘에 두고, 자신이 땅에 있는 남자는 저주받을 자니라"와 같은 표현이다.

　『탈무드』에 정통한 학자들이 릴리스에 대해 설명하는 글을 보면, 그녀는 긴 머리카락에 가슴의 절반이 훤히 드러나는 모습을 한 채, 남자를 유혹하고 아이를 위협하는 요부이다. 괴테의 『파우스트』에도 릴리스에 대한 묘사가 나온다. 마녀의 무도회장인 브로켄 산에서 마법이 일어나는 동안 파우스트 박사가 묻는다.

　"도대체 저 여인은 누구인가?"

　이에 메피스토펠레스가 대답한다.

　"릴리스지요……. 아담의 첫번째 아내라오. 그녀의 아름다운 머리카락을 조심하시오. 그녀가 입고 있는 옷도 조심하시오. 저 옷으로 젊은 남자를 유혹하면 절대로 놓아주는 법이 없거든요."

★　남성에게 억압되어 있는 여성적인 속성.

아담에게 복종하지 않고 신에게서 도망친 릴리스는 벌을 받게 되었다. 그 벌이란 죽을 운명을 타고난 아기를 낳고, 살아 있는 동안 남자를 유혹하는 음탕한 여인이자 끔찍한 유아 살해범이라고 손가락질 당하며, 인적이 드문 외딴 곳에서 홀로 살아야 한다는 것이다.

이렇게 릴리스는 임신부와 산모에게 해를 입히고, 아이를 훔쳐가거나 죽이기도 하는 마녀가 된다. 수많은 전설과 동화에서 릴리스는 산모와 어린 아이들에게 공포의 대명사로 등장한다.

아기를 훔쳐가는 마녀와 남자를 유혹하는 탕녀를 상징하는 캐릭터는 전세계에서 전형적으로 등장하는 모티프이다. 이 캐릭터는 동화와 우화, 수필 등 모든 문학작품에 등장한다. 독일어권에는 동화

★　　그림(Grimm) 형제의 동화이다. 가난한 방앗간 주인이 어느 날 왕에게 자신의 딸은 볏단으로 금을 만든다고 자랑을 늘어놓는다. 그러자 왕은 자신 앞에서 그것을 보여달라고 명령하였고, 아버지는 딸을 볏단이 들어 있는 방에 혼자 두며 볏단을 금으로 바꾸지 않으면 살지 못하리라고 말한다. 아버지가 떠난 뒤 딸이 울고 있을 때, 난쟁이가 들어와 사정을 듣고는, 자신이 대신 해줄 테니 자신에게 무엇을 줄 수 있는지 묻는다. 딸은 목걸이를 내놓는다.

다음날, 왕은 금을 보자 욕심이 생겨 방에 볏단을 가득 채우고 금으로 바꾸라며 명령한다. 방앗간집 딸은 난쟁이에게 반지를 주고 이 일을 성사시킨다. 그러나 왕은 이에 만족하지 못하고 세번째로 금을 만들라고 명령하면서, 이번에도 성공하면 자신과 결혼하자고 제안한다. 난쟁이가 다시 나타나 무엇을 줄 수 있느냐고 묻자, 딸은 이제 아무 것도 없다고 대답한다. 그러자 난쟁이는 왕과 결혼하여 아이를 낳으면 그 아이를 자신에게 달라고 제안한다. 달리 뾰족한 수가 없던 딸은 그렇게 하겠노라고 약속하고, 결국 왕과 결혼하여 아기를 낳는다.

어느 날, 잊고 있던 난쟁이가 나타나 이제 아기를 달라고 하자, 왕비는 울면서 제발 아이를 데려가지 말아달라고 부탁한다. 이를 불쌍하게 여긴 난쟁이는 사흘 안에 자신의 이름을 맞추면 아이를 데려가지 않겠노라고 약속한다.

『룸펠슈틸츠헨』*이 있는데, 여기에 보면 특이한 존재에게 아이를 빼앗겨야 하는 상황이 나온다.

여성운동에서 릴리스는 저항하는 여성의 상징이 되었다. 그녀는 가부장제를 받아들이지 않은 여성으로, 이브와 반대되는 인물로 간주된다. 물론 긍정적인 측면에서 그러하다.

점성술에서 릴리스는 우울한 성향을 지닌 '어두운 달'을 의미한다. 오늘날 동유럽에서 볼 수 있는 무덤(Grufti) - 운동*의 경우, 릴리스는 악마의 아내이자 악녀로 간주된다.

현재 전세계에서 읽히고 있는 루터의 성서번역이 히브리어 원전에 의하지 않았다는 사실은 기독교에 의미심장한 문화를 부여한다. 히브리어로 씌어진 성경의 원전에는 두번째 여자로 이브를 만들었다는

신하들은 전국 방방곡곡을 누비면서 모든 난쟁이의 이름을 수집하지만, 정작 그 난쟁이의 이름만은 알아낼 수 없었다. 마지막 날, 한 신하가 우연히 숲속의 작은 집에서 흘러나오는 노래를 듣게 되었다. 난쟁이는 왕비로부터 아이를 데려올 수 있다고 생각하자 흥분이 되어 노래를 흥얼거리다가, 그만 자신의 이름을 말해버리고 만 것이다. 그 난쟁이의 이름이 '룸펠슈틸츠헨'이었다.

마침내 왕비는 난쟁이의 이름을 맞추게 되었다. 난쟁이는 화가 나 오른발로 땅을 치다가 땅속으로 빠졌고, 왼발로 올라오다가 그만 몸이 두 동강이 나고 만다.

★ 현재 동유럽 청소년들에게서 볼 수 있는 풍조이다. 공산주의와 자본주의 모두에 대해 실망한 젊은이들이 검은 옷을 입고 머리에 기름을 바르고 있어서, 겉으로 보면 1970년대 영국과 미국에서 유행했던 펑크족을 연상시킨다. 그러나 펑크족들은 단호한 점이 있고 자신들을 과장되게 표현했던 반면, 그루프티들은 공격성을 외부로 표출하지 못하고 내부에서 발산하고자 한다. 그리하여 무덤에 들어가 술과 마약을 복용하고, 성경을 읽고, 음침한 대화를 나눈다. 무덤 - 운동을 추종하는 동유럽의 젊은이들은 스킨헤드처럼 증오심이나 인종차별을 주창하는 다른 청소년과 달리, 자신과 인류에 대한 절망이 그 원인이다.

증거가 명확하게 표현되어 있다. 아담의 말이다.

"이번에는 처음과 달리 내 다리로 네 다리를 만들었노라."

이 말은 아담의 두번째 여자로 이브를 창조했다는 뜻이다. 그러나 루터의 성서에는 그렇게 되어 있지 않다.

"아담이 말하기를, 다리는 내 다리에서 만들었고, 살은 내 살로부터 만들었다. 남자의 몸에서 만들었으므로 여자*라고 부르게 될 것이다"(「창세기」 2장 23절).

이렇게 해서 릴리스는 성경에서 거의 추방당하고 말았다. 다시 말하지만, 「창세기」 1장 27절에 릴리스는 다음과 같이 등장한다.

"신은 자신의 형상대로 인간을 만들었고, 신은 자신의 형상대로 남자를 창조하셨고, 신은 자신의 형상대로 여자를 창조하셨다."

『구약』 성서 「이사야」 34장 14절에서 릴리스는 밤의 유령 혹은 요괴로 한번 더 언급된다. 그녀는 신이 버린 땅에서, 야생의 고양이와 하이에나가 사는 고요한 장소를 발견했다고 되어 있다.

릴리스가 도주한 뒤 아담이 이를 불평하며 혼자 살기를 힘들어 하자, 신은 아담을 불쌍히 여겨 그의 갈비뼈로 이브를 만들어주었다. 이는 이브가 아담과 동등하지 않으며 그에게 예속되었다는 뜻을 상징적으로 보여준다. 에덴동산에는 지배하는 성과 지배당하는 성으로 이루어진 가부장적인 평화가 영원히 지속될 것만 같았다. 물론 뱀이 나타나지 않았다면 그렇게 되었을지도 모른다. 하지만 뱀은 — 그

★   독일어 단어로는 männin으로, 남자로부터 만든 여자를 뜻한다.

성격에서 상징적인 릴리스를 발견할 수 있다 ― 두 사람을 유혹하여 신에게 불복종하게 만들고 갈등을 불러일으켰다.

릴리스는 시간을 초월하여 매혹적이고, 여성의 무의식 가운데 본질적인 부분을 상징하는 형상이다. 무엇보다 권력과 성을 추구하고 아이들을 싫어하는 여성상이자, 시대를 불문하고 가부장적인 사회에서 거부당하던 여성상이다.

릴리스를 성서에서 추방함으로써, 여성의 본질 가운데 아이를 싫어하고 거부하는 부분도 우리의 인식에서 추방되었다. 그러므로 어떤 어머니도 아이들 때문에 심리 · 육체적으로 힘들다거나, 어머니 역할로 인해 사회활동에 장애가 생긴다는 고백을 감히 하지 못할 뿐 아니라, 엄마로서 자신의 한계를 솔직하게 인정하지도 못한다.

이렇듯 진실을 말하기 주저하고 두려워함으로써, 가부장적인 사회에는 모성애의 장애와 위선적인 모성애가 등장하게 되었다. 나는 이 부분도 자세하게 설명하겠다.

릴리스 콤플렉스란 무엇인가

수천년 전부터 여성상은 이브와 릴리스로 구분되었는데, 가부장적 사회는 이브(마리아)를 성스럽게 떠받드는 반면, 릴리스는 악마 취급을 하며 금기시하고 있다. 그리하여 이브는 복종하는 여성, 수동적인 성생활, 일부일처제, 희생적인 어머니, 집안일, 종교생활, 육아를 의미하게 되었다. 반대로 릴리스는 여성의 동등권, 적극적인 성생활과 쾌락을 향유하는 여성, 임신과 출산을 거부하는 여성을 상징한다.

이렇듯 우리는 이브와 릴리스에게 여성의 양면성을 보게 되는데, 이들은 서로 분리되어 있을 뿐 아니라 심지어 적대적인 관계를 대표하기도 한다. 즉, 그 둘은 성녀와 창녀의 화신인 것이다.

이브는 어머니 같고, 겸손하며, 수줍어하고, 진실되며, 남자에게 복종하는 여자이지만, 릴리스는 그와 정반대이다. 즉, 릴리스는 감각적이고, 유혹적이며, 쾌락을 즐기고, 열정적이며, 독자적인 삶을 사는 여성이다.

대부분의 남자들은 여성이 가진 이 두 가지 측면을 동경하는가 하면 동시에 두려움을 가지고 있다. 그리하여 남자들은 이브와의 결혼을 통해 권태와 무료함을 느끼게 되면 매춘부를 사거나 애인을 사귀기도 하지만, 모든 여자에게 잠재되어 있는 내면적인 힘, 열정과 독립심이 두려워 그녀의 릴리스적인 측면과 다투고, 이를 도덕적으로 경멸하고 무시하는 노력을 기울이기도 한다.

나는 여성이 지닌 세 가지 측면을 릴리스 콤플렉스로 간주하는데, 이런 모습은 대체로 억압받거나 거부당하고, 무시당하거나, 비웃음을 사며, 또한 금기사항으로 묶여 있다.

1. 동등한 여자 이들은 남자에게 종속되어 있지 않으며 부속적인 존재도 아니다. 남자와 똑같이 창조되었고, 남자와 동등한 권

리를 누리고 있다.

2. 성적으로 적극적인 여자   즐거움을 느낄 수 있고 남자를 유혹할 수 있는 여자로, 남자들에게 선택되기만을 기다리지 않는다. 이들은 능동적으로 성욕을 느끼고, 이를 숨기지 않으며, 성행위에서도 매우 적극적으로 행동한다.

3. 아이를 원하지 않는 여자   이들은 아이에 얽매이지 않고 의무와 책임에서 자유롭기 위해 어머니 되는 것을 거부한다.

결과적으로 릴리스 콤플렉스는 여자들에게 권력, 쾌락, 자유를 허용하지 않으며 복종, 정절, 배려를 기대한다. 릴리스 콤플렉스는 문화적으로 뿌리를 깊이 내리고 있다. 만일 아이를 싫어하는 성향을 감정적으로 소화시키고 의식적으로 통제하지 않는다면, 릴리스 콤플렉스는 자신의 아이와의 관계에서 다시 살아나, 엄마가 원하지 않더라도 자신의 아이에게 물려줄 수 있다. 왜냐하면 욕구가 많고 늘 보살핌을 받아야 하는 갓난아이는 어쩔 수 없이 어머니에게 예민한 감정을 불러일으킨다. 만약 어머니가 불안정한 상태를 부인하면 결국 아이에게 부담을 주게 된다.

따라서 우리는 다음의 입장에서 출발해야 한다. 즉, 우리가 인정하지 않는 모성애의 약점들은 무의식적인 형태로 아이에게 직접 전달되고, 이로 인해 아이는 이유도 모른 채 고통을 겪거나 장애를 안게 된다. 아이는 분명히 이해하지는 못하지만 어머니가 처해 있는 곤란이나 예민한 상태, 불안정한 심리 등을 모두 감지한다. 그러므로 여기서 문제를 일으키는 주인공은 어머니인 것이다. 만약 아이가 어머니의 불행을 자신 때문이라고 믿기 시작하면, 모성애의 문제가 아이의 죄책감으로 변해버린다.

릴리스 콤플렉스가 가져오는 사회·심리적인 결과는 지극히 파괴적이다. 아주 일반적인 현상으로, 양쪽 부모가 모두 어머니와 아버지의 역할을 제대로 수행하지 못하면, 부부관계는 두려움과 불신의 상태에 빠지게 된다.

결국 사내아이는 힘 있고 강한 사람이 되기 위해 자신에게 복종하는 이브만 받아들이는 아담으로 성장하고, 여자애는 이브 같은 여자로 자라난다. 그녀는 한 남자 곁에 오랫동안 머물며, 복종하고, 고독하게 살지 않기 위해 내면의 소리를 거부해야 한다.

이러한 아담과 이브가 부모가 되면, 자신의 아이가 감정이나 쾌락을 지나치게 표현하지나 않는지 감시하게 되고, 자식을 교육의 대상으로 보게 된다. 이를테면, 질서와 규율을 잘 지키도록 교육시키고, 활동적인 성향과 성적인 쾌락을 구속하기 위해 감정을 적당히 조절하고 부드럽게 복종하는 사람이 되도록 가르친다. 이렇듯 엄격한 교육을 받으며 성장한 자녀는, 훗날 아내가 되면 수동적인 성생활만 하게 되고, 남편이 되면 성욕을 해결하기 위해 아내를 이용하는 사람이 되어버린다.

아내는 충족되지 못한 꿈과 동경을 남편에게서 계속 보상받기 원하지만, 이는 결코 이루어지지 않는다. 결국 아내는 가부장적인 사회

질서에서 어쩔 수 없이 남편에게 복종하고 예속되는 지위를 받아들인다. 그러나 이러한 위치에서 아내는 이루지 못한 자신의 어린 시절 동경과 꿈으로 남편을 괴롭히다가, 결국 억압당하는 자로서 남편에 대한 실망감과 증오심을 품은 채 부부관계에 폭력을 불러오거나 관계를 망가뜨리고 만다. 그녀 속에 존재하는 억눌린 릴리스가 그녀 자신을 불만족스럽게 만들고, 남편에게 비난과 원망을 퍼붓거나, 신경질적으로 반응하도록 만드는 것이다.

릴리스 콤플렉스에 빠져 있는 남자는 자신의 남성다움에 확신을 가지지 못하고 정직하지도 못하다. 그는 돈, 권력, 명예를 통해서 자신의 정체성을 완성하려 들며, 인간관계에서도 남녀를 불문하고 자신이 우세한 위치에서 그들과 관계를 유지하려고 노력한다.

이런 남자는 상대방에게 애정과 신뢰를 충분히 보여주는 행동은 위험하다고 믿는다. 여자들과의 관계는 흔히 성적인 측면에서만 이루어지는데, 여자를 동등한 파트너로 대하는 것이 아니라 성행위의 상대로서만 바라본다. 이런 남자에게 숨어 있는 또 다른 문제는 성불능이라는 형태로 표출된다. 축 늘어진 페니스로 자신은 흥분이 안 되고 여자의 쾌락에 반대한다는 태도를 보임으로써, 이브의 존재로 살아가는 여자에게 벌을 주는 것이다.

남성과 여성이 서로 사귀게 되면, 보통의 연인들은 이미 오래 전에 잃어버린 행복을 누가 먼저 찾을 수 있겠는지 경쟁하려고 한다. 사랑에 빠져 있을 때의 남녀는 꿈과 소망을 모두 이룰 수 있을 것만 같다. 그러다가 시간이 지나면서 두 연인은 상대방에게 인정과 애정을 받으려는 전쟁에 지치게 되고, 마침내 어린 시절 부모에게서 느꼈던 그런 실망감을 상대방에게 느낀다. 결국 두 사람은 서로 떨어지고 싶지 않을 만큼 사랑한다는 느낌도, 서로에 대한 이해심도 잃고 마는 것이다.

그래서 부부들은 흔히 일상생활에서 사소한 언쟁을 벌이기도 하고, 배우자에게 끊임없이 실망감을 느끼며, 배우자에게 상처를 받기도 한다. 이런 부부간의 갈등은 자신이 이해할 수 없고, 얘기할 수조차 없는 유년시절의 불행을 떠올리지 않기 위해 일으키는 사건이다. 이렇듯 참을 수 없는 유년기의 고통은 영원히 멈추지 않고 언제나 고통스러운 드라마로 바뀌는 것이다.

어떤 남자도 '이브'와 같은 여자와 살면서 진정한 남자가 될 수 없다. 또한 어떤 여자도 '아담'과 같은 남자와 함께 살면서 성숙한 여자가 될 수는 없다. '아담'과 '이브'는 릴리스 콤플렉스를 극복하지 못한 삶을 재생산해내고, 상대에게 끝없이 실망함으로써 공동의 삶을 위협하며, 자신의 아이들에게 고통을 더해준다. 이때 '아담'은 전사의 역할을 맡고 '이브'는 마녀가 되는 것이다.

그러나 아들의 경우, 어머니에게서 해방되고, 한 여자를 자신과 동일한 가치를 지닌 파트너로 받아들이는 길이 있다. 만일 모성애에 대한 자신의 그리움을 충족시키거나, 혹은 모성애 결핍*에 대하여 늘

★ 모성애 결핍이란 공간적 · 시간적 · 인간관계상 자신이 누린 모성애에 부족함과 결함이 있는 것을 말한다.

안타까워할 수 있는 방법을 배웠다면 그것이 가능하다. 딸 역시 모성애 결핍을 슬퍼할 수 있고, 어머니와 자신을 무의식적으로 동일시하고 있다는 사실을 잘 이해하며, 고통스럽지만 어머니로부터 분리되는 법을 배웠다면, 더이상 남편이라는 존재를 자신을 보살펴주고 보호해주는 대리 어머니로 여기지 않을 수 있다.

유감스럽게도 과거에 일어난 일은 바로잡을 수 없으며, 괴로웠던 결핍은 나중에 충족될 수 없다. 비록 향락적인 문화가 모성애의 결핍을 채워줄 수 있는 것처럼 미친 듯이 확산되고 있지만 말이다. 불행과 괴로움을 이겨낼 수 있는 유일한 방법은 이러한 상황에 대한 분명한 이해와 극복하려는 노력뿐이다. 이것은 한두번의 노력으로 얻을 수 없고, 지속적인 의지를 가져야 가능하다.

또한 릴리스 콤플렉스는 여성해방운동의 원동력 가운데 하나이기도 하다. 우선 여성해방운동은 성경이라는 최고의 권위에 의지해서 권좌를 차지하고자 하는 부당한 남성들에게 항거한다. 앞에서 보았듯이, 이와 같은 주장은 엉터리이다. 성경은 릴리스의 존재는 물론 아담의 미성숙함에 대해서도 숨기고 있으니 말이다.

이렇듯 여성의 권리를 둘러싸고 벌어지는 중요한 투쟁에서 남성은 곧잘 여성의 적이 되어버린다. 남자들도 모성애 결핍을 겪었다는 중요한 사실을 인지할 새도 없이 말이다. 여성의 성생활은 자위행위와 동성애의 형태로까지 인정될 수 있다. 하지만 모성이라는 문제에는 대체로 신경조차 쓰지 않는다.

여성들이 출산 후에도 직장을 계속 다니고 남자와 동등하게 경력을 쌓을 수 있는 권리를 위해 투쟁할 때도, 모성애 문제는 흔히 무시되고 있다. 일찌감치 어머니와 아이를 떼어놓는 보육원이 반드시 필요한 시설로 인성됨에 따라, 릴리스 콤플렉스를 일으키는 본질적 원인인 모성애 결핍이 다음 세대로 전수되고 있다.

릴리스 콤플렉스 가운데 가장 중요한 핵심은 아이를 거부하는 자세이다. 나는 이런 자세야말로 문화를 파괴하고 폭력과 전쟁을 일으키는 근본적인 원인이라고 본다. 이런 마음자세는 새로 태어난 아이를 훔치거나 죽이며, 아이의 피를 마시고 뼈에서 골수를 빨아먹는 끔찍한 어머니의 전형이다. 이 때문에 오늘날에도 정통파 유대교 산모들은 아이를 보호해준다는 목걸이를 착용한다고 한다. 여러 민족의 신화를 보더라도, 한결같이 아이를 훔치고 피를 빨아먹는 사람은 여자의 모습을 하고 있다.

정체성과 자존심에 장애가 있고 공황장애에 빠져 있는 환자들을 심층적으로 분석하면, 그들은 어린 시절 어머니에게 거부당한 경험을 고백하곤 한다. 이들은 어린 나이에 어머니와 떨어져 있어야 했고, 흔히 어머니의 자기애에 대한 욕구를 충족시키기 위한 희생자였다. 강한 소유욕과 '아이의 피를 빨아먹을 정도로' 요구가 많았던 어머니, 그리고 이런 어머니의 아기였던 환자가 자신이 어머니의 욕구에 희생되어야만 했던 과거를 토로하는 과정은 그야말로 가슴이 찢어지는 슬픔 그 자체이다. 이 경우, 환자들은 분노를 터뜨리기도 하고, 심하면 구토를 일으키기까지 한다.

어떤 어머니가 아이를 싫어한다고 해서 그 자체로 위협적인 문제가 되는 것은 아니지만, 그런 성향은 릴리스 콤플렉스 안에서 강박관념으로 자리잡거나 거부하는 태도로 나타나게 된다. 릴리스 신화는 여성이 지닌 정상적이고 거부할 수 없는 한 측면을 보여줄 따름이다. 바로 어머니가 되는 것을 거부하는 측면인데, 이는 우리도 충분히 이해할 수 있다. 왜냐하면 어머니가 되면 자유롭지 못하고, 직업상으로나 사회적으로 남자와 대등해질 수도 없으며, 한동안 성생활은 물론 쾌락을 향유하기도 어렵기 때문이다.

대부분의 여자들은 그런 사실을 감추기 위해 모성애의 중요성을 필요 이상으로 강조하거나, 아니면 여성운동에 참여한다. 물론 이들은 여성의 권리향상이라는 운동에 몰두함으로써, 자녀들은 거의 안중에도 없게 된다.

심리치료에서 얻은 경험을 바탕으로 내가 새롭게 알게 된 사실은, 아이가 어머니의 생각과 느낌을 감지하고 있다는 점이다. 그것도 어머니의 견해를 이해하거나 따질 수 있는 나이에 이르기 훨씬 전부터 말이다. 갓난아이에 대한 최근의 연구에 따르면, 어머니와 유아 사이에는 애초부터 의사소통이 이루어지고 있으며, 이때 갓난아이는 어머니의 보살핌을 — 잘 보살피든 그렇지 않든 — 수동적으로 받아들이는 대상일 뿐 아니라, 어머니와의 관계를 스스로 능동적으로 만들어간다는 것이다.

아이는 이를 위해서 일련의 반사작용과 태어나면서부터 지니고 있는 의사소통 능력을 사용하게 된다. 아이는 타고난 기본적인 능력으로 사람들과 접촉하며 인간관계를 조정할 수 있다(자세한 내용은 도르네스의 책, 1993/1997년 참조). 이렇게 하여 모든 어머니는 아기 때문에 자신의 어린 시절을 무의식적으로 기억하게 된다. 쉽게 말해서, 아기는 어머니에게 '내재된 아이'와 대화를 나누는 것이다.

『슈테른 Stern』(1995)은 아기를 낳고 난 다음 모든 여자들이 겪게 되는 단계, 이른바 '모성자리'에 대해 기사화하고 있다. 즉, 이 시점에 이르면 산모는 자신을 낳아준 어머니에 대한 경험과 딸로서의 경험을 무의식적으로 떠올리게 된다는 것이다. 또한 자신이 아이를 진정으로 원해서 엄마가 되었다는 의식도 이 시기에 내면화된다고 한다. 이처럼 중요한 어머니의 능력은, 즉 자신의 아이가 느끼는 감정을 이입하는 어머니의 능력은, 과거 자신의 어머니로부터 어떤 보살핌을 받았는지에 달려 있다.

엄마로서의 마음자세는 자신의 어머니가 어떻게 반응하고 이해했는지, 아이를 어떻게 받아들이고 한계를 그어주었는지, 어떻게 사랑하고 장애를 전달했는지 등등의 요소를 통해 결정된다. 어머니의 감정 상태, 그녀가 가졌던 두려움과 의심, 불안과 흥분, 실망감과 거부감, 사랑과 감정이입 등은 신체를 통해서 아이에게 전달된다. 즉, 눈길과 스킨십, 태도, 아이를 안는 자세, 표정, 몸짓과 목소리를 통해서 아이에게 전해지는 것이다.

따라서 '어머니의 두 눈에서 빛나는 따스한 눈빛'을 통해, 기본적으로 아이의 존재를 긍정하는 태도를 통해, 아이의 욕구를 친절하게 받아들이는 자세를 통해, 아이가 자신감과 자존심을 얻게 된다는 것은 절대로 틀린 말이 아니다.

치료 과정에서 나는 많은 사람들이 절망에 빠져 괴로워하는 모습을 보게 되었다. 이들은 어린 시절 어머니로부터 애정 어린 눈길을 받아본 경험이 없는 사람들이었고, 심지어 어머니와 눈길을 한번도 주고받은 적이 없는 사람도 있었다.

아이를 대하는 어머니의 무의식적인 태도, 어머니 본인이 예전에 겪었으나 인식하지 못하고 극복하지 못했던 경험들은, 독서 혹은 조언을 통하여 새롭게 알게 된 지식을 의식적으로 행하는 모성애적인 행동보다 훨씬 더 오랫동안 자식에게 영향주게 된다. 그리하여 처음에는 자연스럽고 활기차게 행동하고 반응하던 아이가 점차 어머니에게 실망스러운 존재가 되어간다. 어머니 또한 자신이 어린 시절 받았던 상처를 아이를 통해 보상받을 수 있을까 걱정하게 된다.

릴리스 콤플렉스 중에서, 아이를 거부하고 두려워하는 부분을 인정하지 않는 젊은 엄마들은 스스로에게 정직하지 못한 것이다. 설상가상 피로까지 겹쳐 신경이 예민해지면, 결국 그녀는 아이에게 거부의 뜻을 전하게 된다. 그리하여 그녀가 어린 시절 자신의 어머니에게 받았던 심리적인 상처를 통해, 모성애 장애는 다시 자녀들에게 전달되는 것이다.

프로이트는, 아들이 어머니에게 집착하는 성향을 성적으로 해석하고, 어린 시절에 겪는 사회·심리적인 비극을 ─ 유감스럽지만 잘못된 ─ 충동이론으로 설명하기 위해서 오이디푸스 콤플렉스를 발견해야만 했다. 정통 프로이트 학파의 정신분석학이 오이디푸스 신화를 악용하고, 자신의 아이를 죽이고자 했던 부모의 엄청난 죄를 순전히 성적인 발달심리로 새롭게 해석한 까닭에, 대부분의 정신치료법은 릴리스 콤플렉스를 거부하게 되었다.

내 경험에 따르면, 오이디푸스 콤플렉스의 노이로제로 인한 갈등은 무엇보다 어린 시절에 당했던 거절이나 무시로 인해 얻게 된 마음의 상처를 방어할 때 적용하면 된다. 인간의 혼란과, 겉으로 볼 때 노이로제성 위기와 질환으로 보이는 병의 원인을 해명하려고 노력하는 모든 치료법들은 매우 위험한 시도를 할 수 있다. 즉, 그런 치료법들은 삶을 불안하게 만든 최초의 원인이자 근본적인 원인을 은폐하기 위해, 유년시절의 불행과 그 결과를 사람들에게 계속 '가르치는' 위험한 일을 저지를 수도 있다는 말이다.

사실 많은 경우에 있어 사람들은 과거에 겪었던 경악을 솔직하게 털어놓을 수 없다. 왜냐하면 치료실의 분위기, 혹은 심리치료사의 능력이나 현재의 사회적인 분위기로는 환자의 끔찍했던 어린 시절 경험을 의식 밖으로 불러내기 어렵고, 그런 경험을 감정적으로 이해하도록 도울 만한 여건이 되지 않는다.

보통 긴 소파는 살인적인 분노와 한없이 깊은 증오심, 쓰라린 고통, 몸을 죄는 듯한 역겨움, 가슴을 갈기갈기 찢어대는 비애를 털어놓기에 적합한 장소가 아니다.

어린 시절의 격정과 동경은 너무나 강렬해서, 우리는 다른 치료조건을 마련해야만 했다. 즉, 우리는 병원의 입원실에서 어머니의 신체와 접촉하는 것이 아이에게 얼마나 중요한 일인지 실험해보았다. 이 실험에서 얻게 된 결론은, 모성애 결핍이 있는 아이들은 다양한 방식으로 어머니의 사랑을 확보할 수 있는 수단을 찾게 되는데, 사랑이 부족한 아이들은 생명까지 위태로워지는 모습을 보였다.

성적인 관계를 맺으려는 시도는 흔히 남자아이들에게서 찾아볼 수 있는데, 이는 어머니를 '소유'하려는 노력의 일환이다. 여자아이들 역시 아버지에게 비슷한 시도를 하곤 한다.

아이들이 부쩍 성에 대하여 관심이 많아지고, 부모의 성생활에 대해 점차 눈을 뜨는 것은 아이들의 희망을 대변해준다. 다시 말해, 아이들은 성생활 속에서 사랑의 비밀을 찾을 수 있고, 이로부터 자유로워질 수 있지 않을까라는 희망을 갖고 있는 것이다.

나는 소위 말하는 오이디푸스 콤플렉스라는 단계를 아이의 정상적인 발달과정으로 인정할 수 없다. 이를테면, 아들이 어머니를 갈망하여 아버지를 몰아내고 싶어하는 심리상태를 정상적인 심리단계로써 받아들일 수 없다는 말이다. 어쨌든 그와 같은 욕구를 갖게 되는 이유는 '어린 시절의 장애' 때문이다.

'오이디푸스 콤플렉스'에서 초기 모성애 결핍은 마땅히 보상받아야 한다고 말하지만, 이는 이루어질 수 없는 일이다. 불행하게도 어머니에게 집착함으로써 이로 인해 문제가 발생할 따름이다. 오이디푸스 신화는 부모가 저지른 죄가 어떤 결과를 초래하는지 서술하고 있다. 즉, 부모가 아이를 원치 않으면 아버지와 아들은 — 이때 아버지가 선동적인 역할을 한다 — 치명적인 싸움을 하게 되는데, 이는 남자들끼리 전쟁 등과 같은 폭력을 행사하게 되는 것을 상징한다.

그리고 어머니와 아들은 허용될 수 없는 결혼을 하는데 — 물론 어머니만 이 사실을 알 수 있었다 —, 이는 남녀 모두에게 불행한 파괴적인 부부관계를 맺게 된다는 것을 상징적으로 보여준다. 두 가지의 경우 모두 초기 비극으로 인해 얻게 된 증오심과 취약한 정체성으로 인해 생긴 결과이다(마츠, 1998 참조).

그러나 릴리스 콤플렉스는 무엇보다도 남녀의 미성숙을 상징적으로 보여준다. 여기에서 미성숙이란 어머니에 대한 욕구가 채워지지 않았던 어린 시절의 경험을 극복하지 못해서 생긴 결과이다. '아담과 이브' 같은 사람이 부모가 되면 이들은 자신의 미성숙을 아이에게 물려준다. 바꿔 말하면, 이들은 부모로서 아이의 욕구를 인지하고 가능하면 이를 채워주는 것처럼 말하지만, 정작 아이는 그것보다 훨씬 더 많은 욕구가 충족되기를 기대하고 있는 것이다.

릴리스 콤플렉스는 여자들로 하여금 거짓말을 하는 어머니로 만드는데, 즉 어머니로 하여금 실제로 줄 수 있는 사랑보다 더 많은 사랑을 아이에게 주겠다는 거짓 약속을 하게 만든다. 하지만 어머니 스스로가 절대적인 모성애를 받아본 적이 없기 때문에, 아이를 위해 자신이 힘들게 노력한 보상을 자식으로부터 돌려받기를 무의식적으로 원하게 된다. 그러면 결국 어머니는 아이의 사랑을 악용하게 되고, 이것은 '모성애 중독'을 초래하게 된다.

릴리스 콤플렉스에서 남자들은 어머니와 떨어지지 못하는 미숙한 소년으로 머물다가, 언젠가는 좌절에 빠진 아버지가 되거나 도피하는 아버지가 된다. 이런 아버지들은 아이에게 쏟는 아내의 애정에 질투심을 느끼고 모욕을 느끼기 때문이다. 비록 이때 아내의 모성애에 결함이 있고 경직된 것이라 할지라도 말이다. 그리하여 남자들은 아버지 역할에 실패하고, 이로써 이미 아이에 대해 부담감을 잔뜩 갖고 있던 아내에게 또다른 부담을 지우게 된다.

'릴리스'를 부인하고 '이브'로 살아가는 여자는 여성다운 여러 면 가운데 어느 일면만 고집함으로써 결국 아이에게 손상을 입히고 만다. 바로 이 때문에 많은 사람들이 자기애적(나르시스적) 인격장애를 앓게 되고, 그리하여 우리는 폭발적으로 증가하고 있는 자기애적 사회병리가 가져올 위험에 대처하는 방법을 모색하게 되었다. 요컨대 우리 사회는 계속해서 자기애를 만족시켜줄 수 있는 2차적, 3차적 수단을 만들어내게 되고, 결국 개인은 물론 대중 전체가 끔찍한 중독 현상에 빠지도록 부추긴다.

'릴리스'를 부인하고 '아담'으로 살아가는 남자는 아내의 애정을 두고 아이와 서로 경쟁을 벌인다. 때문에 그는 아이를 위협하거나 함부로 대하고, 아내에게 실망을 감추지 못한 채 분노하며, 매춘이나 알코올, 혹은 일로 도망치게 되는 것이다.

이브와 릴리스를 통합한 여자는 남자를 자신의 파트너로 대한다. 자신에게 부족한 부분을 남자로부터 보충하고, 그에게 종속되지도 않으며, 그렇게 되기를 원하지도 않는다. 또한 남자와 경쟁하느라 힘을 소진할 필요도 없다. 그녀는 스스로의 선택으로 어머니가 되었다고 의식함으로써, 자신에게도 한계가 있음을 인정하며 아이를 대한다. 따라서 어머니가 곁에 없을 때의 고통을 인정하고, 이를 표현하는 방법을 아이에게 가르쳐줄 수 있다.

릴리스를 부인하지 않고 받아들이는 여자는 무엇보다 아이에게 자신을 솔직하게 드러낼 수 있다. 자신 역시 아이를 거절할 수도 있으며, 아이에 대하여 공포나 증오심을 느낄 수도 있지만, 이는 순전히 자신만의 문제이고, 아이가 그에 대하여 분개하고 슬퍼할지라도 충분히 이해한다는 점을 용기 있게 고백할 수 있는 어머니이다.

진실을 깨닫게 되면 결코 파괴적인 결과를 가져오지 않지만, 거짓된 사랑과 자신의 입장을 숨기는 태도는 반드시 갈등, 질병, 폭력을 낳고 만다. 그러므로 솔직하고 정직한 어머니는 아이가 자신으로부터 독립하려는 성향을 처음부터 긍정적으로 받아들인다.

이브와 릴리스를 통합한 남자는 아내를 자신의 '어머니'로 삼지 않으며, 자신과 동등한 파트너인 아내에게서 다양성과 도전을 간접체험하게 됨으로써, 자신의 삶을 적극적이고 창의적으로 만들어간다. 이런 남자는 어머니로부터 독립한 남자이고, 자의에 따라 행동하는 편이다. 그러므로 어쩔 수 없는 내적인 위기 때문에 뭔가를 달성하거나 증명하거나 투쟁하지 않는다.

이런 남자는 혼자서도 잘 지내고, 자신의 특별한 존재감을 느긋하게 향유한다. 아들은 그에게 경쟁자가 아니며 자연스러운 의무일 뿐이다. 이를테면 그는 아이에게 스승이자 본보기가 되어야 한다는 과제를 안고 있을 뿐이며, 아이에게서 자신과 다른 점을 발견하더라도 이를 발달과정의 한 표현으로 인정해줄 수 있다.

어머니와 아이 사이에 일어날 수 있는 비극 가운데 가장 큰 것은, 어머니의 사랑이 지나쳐 오히려 '모성애 중독'으로 변하는 경우이다. 더이상 어머니와 아이는 서로 이해할 수 없으며, 어머니는 분명 사랑으로 행동했다는 확신이 있지만, 그 사랑이 오히려 아이에게 독이 되는 것이다. 왜냐하면 아이는 어머니가 충족시켜주고자 하는 욕구와 다른 욕구를 가지고 있기 때문이다. 그리하여 두 사람은 서로 이해하지도 못한 채 서로 불행하게 만든다.

이들은 이 상태를 변화시킬 수 있는 방법도 알지 못한다. 두 사람은 각자 올바르게 행동했다고 느끼지만 결국 서로에게 부당하게 행동한 것이다. 이런 비극을 막으려면 릴리스 콤플렉스에 대한 폭넓은 이해와 콤플렉스를 예방하는 것이 도움이 된다.

릴리스에게 있는 라마쉬투적 측면과 이쉬타르적 측면   융 (Jung) 학파에 속했던 지그프리트 후르비츠(Siegfried Hurwitz)는 릴리스에게서 라마쉬투적 측면과 이쉬타르적 측면을 구분하고 있다. 릴리스에게 상징적으로 존재하는 이 두 얼굴은 바빌론서에 나오는 유명한 여신 라마쉬투와 이쉬타르이다.

릴리스와 라마쉬투의 공통점은, 두 사람 모두 임신한 여자, 특히 출산을 앞두고 누워 있는 여자를 노린다는 점이다. 이들은 새로 태어날 아이를 훔쳐서 죽이려고 한다. 따라서 릴리스가 지닌 라마쉬투적 측면이란, 아이를 훔치고 죽이는 마녀이자 게걸스럽게 먹어치우는 끔찍한 어머니를 의미한다.

릴리스에게 볼 수 있는 이쉬타르적 측면은 유혹하는 여자로, 육체적 사랑과 관능적 쾌락의 여신을 의미한다. 이로 인해 이쉬타르는 신전의 창녀들이 섬겼던 수호신이었다. 그녀는 동양에서 하늘의 여신으로 숭배받았다. 이쉬타르에게 볼 수 있는 창녀와 유혹하는 여자의 성향은 길가메쉬* 서사시에 가장 잘 나타난다.

의식하지는 못하지만, 릴리스 콤플렉스에는 이 두 가지 측면이 남아 있다. 바로 이 때문에 남자들이 여자에게 반하지만 동시에 두려움을 갖는, 말하자면 상반된 감정을 갖게 되는지도 모른다. 즉, 남자는 릴리스 같은 여자가 지닌 이쉬타르적 측면에 반할 수 있다. 이때 그가 여전히 여자를 두려워한다면, 그는 자신의 에로스적 감정과 분리되어 사는 것이다.

만일 남자가 릴리스를 통합하고 받아들이려 한다면, 여자가 자신을 유혹하도록 내버려두는 동시에, 그녀의 유혹을 물리치는 법도 배워야 한다. 그는 이 두 가지 능력을 모두 갖추어야 하며, 성적으로 유혹하는 여자에게 응답을 해주어야 한다. 이와 동일한 방식으로 남자는 권력과 우위권을 두고 여자와 싸울 수 있다. 즉, 남자는 자신을 향유하는 법을 배울 수 있고, 여자가 자신을 이끌도록 할 수 있으

★ 전설적인 왕 길가메쉬(AD 2750 ~ 2600)는 수메르의 도시국가 우루크를 다스렸다. 이곳은 현재 이라크의 와라크(Warak) 지방에 해당된다. 그는 도시에 9.5킬로미터나 되는 성을 쌓았으며, 도시 안에 하늘의 신 아누와 사랑의 여신 이쉬타르를 위한 신전을 세웠다. 그가 쓴 서사시의 주제는 자연, 권력, 사랑, 자아, 죽음 등이다.

며, 그녀에게 자신의 요구를 관철시킬 수 있다. 하지만 남자는 '모든 것을 삼켜버리는 어머니'가 두려워 영원히 무장한 채, 오르가슴을 통해 얻을 수 있는 쾌락을 결코 경험하지 못할 수도 있다.

여자는 무엇보다 자신이 지니고 있는 파괴적인 라마쉬투적 성향을 부인하고, 아이를 사랑하며 보호해주는 좋은 어머니가 되고 싶어할 것이다. 그리하여 사악하고 아이를 싫어하는 여자의 성향은 무의식적으로만 작용하게 된다. 이런 어두운 힘은 결국 여러 형태로 아이의 성장을 방해하며, 특히 아이의 독립심에 걸림돌이 되고 생동감을 죽이는 결과를 가져온다.

운디네는 공포심으로 인한 잦은 기절, 심장이 빠르게 뛰는 심장박동장애, 수면장애, 근육통 때문에 내게 치료받으러 왔다. 그녀는 새장 안에 갇혀 있는 것처럼 느껴졌고, 내적으로 무언가에 쫓기고 있는 듯했으며, 늘 불안하고 긴장된 상태였지만 겉으로 드러내지 않았다. 그녀는 항상 조용하고 침착한 사람처럼 행동했기에 누구도 그녀가 고통을 겪고 있다는 사실을 알아차리지 못했다.

그녀는 인기가 있었고, 사람들에게 도움과 충고도 아끼지 않았지만, 정작 자신에게는 아무 것도 해주지 못했다. 그녀는 누구에게도 부담이 되고 싶지 않았고, 항상 자신이 너무 많은 것을 요구할지도 모른다는 느낌을 가졌다. 또한 스스로를 사랑스럽지 못한 인간으로 간주했는데, 자신을 특별히 주목할 만하거나 호감이 가는 인물이 아니라고 생각했던 것이다.

치료받는 과정에서 그녀는 중요한 사실을 알게 되었다. 그녀의 어머니가 딸에게 가르치기를, 사랑스럽고 용감하며, 다른 사람의 눈에 띄지 않게 조용해야 하고, 남을 방해하거나 남에게 부담스러운 존재가 되어서는 안 된다고 했던 것이다.

그녀가 여섯 살 때는 심지어 이런 일도 있었다. 힐미니맥에 놀러 갔다가 집에 오고 싶어서 하루 일찍 돌아온 그녀에게 어머니는 다음과 같이 말했다.

"오늘은 네가 이 집에 없는 것으로 할 거야!"

울고, 소리지르고, 웃고, 떠드는 일 — 이 모든 것은 살아 있다는 표시이다 — 이 운디네에게 철저하게 금지되어 있었다. 어머니의 릴리스 콤플렉스는 '살아 숨쉬는 딸의 몸에 무덤'을 팠던 것이다. 그녀의 내부에서는 삶이 요동치고 있었지만, 그것을 겉으로 드러내서는 안 되었다. 그러므로 그녀가 살아 있다는 표시를 더이상 억누를 수 없게 되었을 때, 심장박동수가 빨라지고, 혈압이 오르고, 심각할 정도로 공포심을 느낄 수밖에 없었던 것이다.

운디네는 자신의 억압된 욕구를 표현해야만 했다. 그녀의 분노, 고통, 기쁨과 즐거움을 말이다. 이렇듯 생동적인 요소를 하나씩 표현할 때마다 그녀는 어쩔 수 없이 끔찍한 두려움, 자기비판, 의심, 죄책감을 느껴야 했다. 하지만 그녀는 결국 어머니의 삶이 비극적이고 불만족스러운 인생이었다는 사실을 알게 되었다. 그녀의 어머니는 바로 딸의 에너지로 삶을 영위했던 것이다. 이런 의미에서 볼 때, 릴리스 콤플렉스는 운디네의 어머니를 드라큐라와 같은 어머니가 되도록 했다.

릴리스에 내재하는 이쉬타르에 무의식적으로 동화되면 여자는 유혹하는 힘을 개발하게 된다. 이런 힘은 모든 관계를 에로틱하고 성적인 관계로 만들며, 남자를 자신의 매력에 푹 빠지게 한 다음, 다시 그를 차버리기 위해서 뭇 남자들과 잠자리를 함께하는, 이른바 문란한 성생활을 하게 한다.

아이를 싫어하고 권력지향적이며 본인의 유혹하는 본인의 성향을 부인하는 여자는 분명 아이에게 '모성애 장애'를 불러일으킬 것이다.

게걸스럽게 먹어치우는 어머니를 버리지 않으려 하고, 자신에게 억압되어 있는 여성적인 속성(아니마)을 해결하려고 하지 않는 남자는 자신의 감정을 죽여야 한다. 그는 권력싸움에 연루될 것이고, 쾌활한 남성다움을 마음껏 펼치지 못할 것이다. 자신에게 삶의 활력을 앗아가는 어머니에 대한 두려움은, 자신을 성불구자로 만들 수 있는 여자의 매력과 힘에 대한 두려움과 결합하게 된다.

이런 남자는 확신을 갖지 못하고 책임을 회피하는 스타일로, 아내에게 아이를 맡긴 채 자신은 전혀 돌보지 않는다. 그리고 그의 약점과 분노는 증오심과 폭력으로 변한다. 평소 잔인하기 이를 데 없으며 심지어 성도착의 성향을 보여주었던 막강한 권력자들이, 사생활에서는 아내에게 쩔쩔매는 경우를 우리는 알고 있다. 사실 독일역사의 어두운 측면은 그런 현상으로 인해 이루어졌다고 해도 과언이 아니다.

릴리스 콤플렉스 입장에서 본 섹스

아담과 릴리스의 갈등은 성행위의 체위를 두고 서로 다투는 모습에서 상징적으로 드러난다. 릴리스는 밑에 눕기를 거부했고, 아담은 릴리스에게 여성상위의 자리를 내주지 않았다. 성적인 행동에서 사람의 심리를 추적하고, 체위를 단순히 테크닉으로만 해석하지 않는다면, 우리는 흔히 의식하지 못하는 체위의 사회·심리적 의미와 상징적 뉘앙스를 알 수 있다. 즉, 체위란 능동성과 수동성, 지배와 복종, 통제와 허락, 주고받기, 들어가고 받아들이는 문제와 관련이 있다.

이때 양편은 모두 쾌락을 얻을 수 있는데, 즉 성행위를 하고 그 행동을 받아들이는 행위, 애무를 하고 애무를 받기, 억누르는 행동과 표출하는 행동 모두가 쾌락을 줄 수 있다는 말이다.

우리는 이런 대립된 행동을 흔히 남성적인 행동과 여성적인 행동으로 구분하곤 하는데, 이는 지극히 잘못된 발상이다. 만일 여자가 수동적으로 받기만 하고 남자는 능동적으로 주기만 한다면, 두 사람은 그다지 쾌감을 느끼지 못할 것이다. 바로 아담과 이브의 경우가 그러했다. 이런 잘못된 생각을 하다 보니, 남자가 여자에게 오르가슴을 줄 수 있다고 터무니없는 믿음이 생기게 된 것이다. 사실은 결코 그렇지 않다. 쾌락은 각자 어떻게 하느냐에 달려 있다!

빌헬름 라이히(Wilhelm Reich)는 이미 1940년대에 '오르가슴 공식'을 세운 바 있다. '흥분 — 충전 — 방출 — 흥분해소'가 바로 그것인데, 성기능과 이를 통해 얻을 수 있는 쾌감 혹은 장애는 이 네 가지 단계를 거치게 된다는 것이다.

첫째, 성욕은 자연스럽게 일어나는 흥분으로, 생식기관이 물기에 젖는다. 둘째, 생식기를 문지르면 에너지가 충전된다. 셋째, 오르가슴에 도달하면 근육에 경련이 일어나면서 에너지가 방출된다. 넷째,

몸속에 들어 있던 액체가 방출됨으로써 자연스럽게 생식기의 흥분이 가라앉는다.

이 네 단계 동작은 남녀 모두에게 일어난다.

첫번째 단계, 즉 흥분을 느끼는 단계에 장애가 생기면 성욕이 제한될 수 있다. 가령 피로, 우울증, 공포심, 도덕적 수치심, 금지 사항 등이 장애를 유발한다. 두번째로 에너지를 충전하는 단계에서는 에너지를 모아 그것을 유지하는 능력에 문제가 생기면 장애를 일으키는데, 예를 들어 어떤 심리적인 부담이나 갈등을 느껴서 늘 긴장을 풀지 못하는 경우가 되겠다. 세번째 동작, 즉 방출에 문제가 있는 사람은 무언가 밖으로 배출하거나 자신을 내어주어야 하는 상황에 공포심을 느껴서 적절하게 긴장을 풀지 못한다.

이런 사람들은 어린 시절에 받았던 벌이나 과거의 수치심을 떨쳐버리지 못하고 여전히 두려움을 갖고 있기 때문이다. 가령, 한 아이가 자신의 생각을 표현했다가 심한 벌을 받았다면, 그는 훗날 어른이 되어 세번째 단계에서 장애를 갖게 된다. 말하자면 어른 된 후에도 당시의 기억이 떠올라 오르가슴을 느끼는 대신 공포심에 휩싸이게 되는 것이다.

이렇듯 많은 사람들이 자의는 아니지만 두려움을 안은 채 섹스를 전쟁으로 받아들이고 있다. 근육에서 일어나는 생리적인 메커니즘도 알고 보면 심리상태나 인간관계와 밀접하게 연결되어 있음을 어렵지 않게 알 수 있다.

라이히의 오르가슴 공식은 이 책에서 다루는 테마에 아주 적절한 도움이 된다. 왜냐하면 이 공식은 남녀 모두에게 능동적 능력(충전하고 유지하기)과 수동적 능력(흥분을 받아들이고 이를 방출하기)이 있음을 보여줌으로써, 남녀가 평등하다는 근거를 제공하기 때문이다. 육체가 쾌감을 느끼려면 생리적인 기능이 정상적으로 잘 돌아가야 한다. 그러나 신체의 리듬, 욕구상태, 방해요소, 스트레스 등은 개인마다 차이가 있는 까닭에, 생리적 기능은 언제라도 방해받을 수 있다. 따라서 이를 피하기 위해서는 두 사람이 서로 사랑하는 마음은 물론, 서로 관대하게 대할 줄도 알아야 할 것이다.

남녀가 느낄 수 있는 쾌락은 다음의 능력에 달려 있다. 즉, 몸을 움직여 적극적으로 에너지를 충전하는 능력, 에너지를 저장하고 유지함으로써 그것을 잔뜩 채워두는 능력, 에너지를 발산하고 감정을 표현하는 방출능력에 따라서 쾌락의 정도가 달라진다. 이때 두 사람의 행동은 서로에게 쾌감을 주며, 한 사람이 서로 반대되는 상반된 행동을 할 수 있을 때 쾌감은 증가한다. 이를테면, 어떤 사람이 능동적인 능력뿐 아니라 수동적인 능력까지 갖고 있다면, 그는 더 큰 쾌감을 느낄 수 있다는 뜻이다.

하지만 이것은 남성적 역할 혹은 여성적 역할이라는 고정된 문화적 편견을 극복해야 가능하다. 그러므로 성적인 해방과 즐거움을 한껏 누리려면 릴리스 콤플렉스에 의해 정해진 남녀의 역할에서 벗어나 남자도 여성적으로, 여자도 남성적으로 행동할 수 있어야 한다. 만일 남자와 여자가 의논해서 수치심을 느끼지 않고도 서로 역할을 바꿀 수 있다면, 성생활은 정말 자유로워질 것이다. 이런 성생활은 남자가 여자에게 자신의 성능력을 증명해야 한다는 편견에서 이루어지는 성생활과 전혀 다르다. 일방적으로 체위를 정해두면 쾌락도 사라지지만, 남녀가 번갈아 상위 혹은 하위에서 사랑의 유희를 펼칠 수 있다면 성적인 쾌감은 분명 몇 배나 증가할 것이다.

여자 역시 남자의 손에 모든 것을 맡겨두는 것에서 벗어나, 성을 교환하는 일에 동의할지라도 전혀 두려움을 느낄 필요가 없다. 다시 말해, 여성상위가 혹시 남자를 쇠약하게 만들지나 않을까 하는 두려움에 빠질 필요가 없다는 뜻이다.

오히려 남녀의 성역할이 고정되어 있을 경우에 성적인 문제가 발생한다. 남녀가 특정한 위치를 차지하기 위해 싸우거나, 다른 성의 역할은 안 된다는 사회적 편견에 부딪히면, 남녀는 서로 대립하게 되고 성생활에서도 즐거움을 잘 느끼지 못한다. 분위기와 기분에 따라 성적인 태도를 바꾸는데 파트너가 동의한다면, 쾌락은 계속 유지될 것이다. 각자가 지닌 상반된 욕구, 즉 능동적인 욕구와 수동적인 욕구가 동시에 충족된다면 성생활은 더할 나위없이 즐거워질 것이다.

아담은 릴리스의 갈망을 수용할 수 없었다. 그리하여 그는 마초(Macho)*가 되었다. 다시 말해, 그는 자신의 여성적인 면을 숨기기 위해 더욱 강한 이미지의 필요성을 느끼고, 이로써 폭력을 휘두를 가능성마저 생긴다. 이브와 릴리스를 모두 인정하는 남자라면 여자가

★ 남성다움을 중요하게 생각하는 남성우월주의자. 강한 이미지, 권력 등을 추구하며, 여자는 남자의 보호를 받아야 된다고 생각한다.

우위권을 쥐더라도 두려워하지 않고, 그녀의 힘을 빌어 자신에게 존재하는 수동적인 욕구를 만족시킨다. 릴리스를 통합한 여자는 자신에게 존재하는 능동적인 면을 살리고, 오르가슴을 느끼기 위하여 페니스를 이용하더라도 수치심을 느끼지 않는다.

이렇듯 릴리스를 통합한 파트너는 자신이 성적으로 이용당하거나 조종당한다고 느끼지 않으며, 상대 또한 그런 식으로 취급할 의사가 없다. 오직 상대가 오르가슴을 느끼면 기뻐할 따름이다. 내 생각에 릴리스 콤플렉스야말로 우리 문화에 널리 퍼져 있는 진부한 생각, 이를테면 남성적 역할, 여성적 역할 하는 따위를 만들어낸 주역이다. 동시에 남녀의 대립이나 성생활에서 문제를 일으키는 주범이다.

발달심리학적으로 볼 때, 생식기에서 쾌감을 느끼면 이는 성숙한 단계에 본격적으로 접어들기 시작했다는 것을 의미한다. 그리하여 사람들은 어린 시절에 채워지지 않았던 욕구(사랑, 일체감, 인정받고 싶은 욕구 등)를 성적인 만족으로 대신 채우려는 유혹에 빠질 위험이 있다. 말하자면, 사랑과 일체감을 더욱 느끼기 위해 성관계를 맺지만, 그것이 별 효과가 없다는 사실을 알고 금세 실망하게 된다.

흔히 이런 실망감은 자신이 환상에 사로잡혀 있었다는 사실을 일깨워줄 뿐 아니라, 생식기에 질병이 생기게 하고, 부부관계에 위기를 가져오게 하며, 언젠가는 사회적인 갈등으로까지 발전되게 한다. 유년기에 충족되지 못한 욕구를 가진 사람들은 이를 성적인 만족으로 채우려 하기 때문에, 남녀간의 갈등이나 심신상관적인 질병에 걸리고 성도착이나 성범죄, 성폭행까지 일으키케 된다.

성생활에는 매우 긍정적인 측면이 있다. 즉, 성생활은 어린 시절의 욕구를 활성화시켜서 이를 인정받을 수 있는 기회를 제공하며, 오르가슴을 통해 그 욕구들을 성숙하게 처리할 수 있는 가능성도 열어준다. 상대와 일체감을 느끼고, 육체·정신적으로 가까워지고 싶은 욕구, 상대에게 인정받고 싶은 욕구는 비교적 쉽게 충족될 수 있다. 만약 흥분단계에서 오르가슴 단계로 아무런 문제 없이 넘어갈 수 있다면 말이다.

섹스를 하면서 절정의 감각을 느끼지 못하는 이유는 대부분 과거의 상처와 결핍을 극복하지 못했기 때문이다. 오르가슴이란 거대한 파도가 모든 감정 ― 분노, 고통, 비애 ―을 함께 휩쓸어가는 것처럼 밀려오는 까닭에, 이를 회피하려면 동시에 성적인 쾌락도 포기해야 한다. 따라서 오르가슴을 느끼고자 한다면, 이전의 껄끄러운 감정들을 용인하고 이를 표현할 수 있어야 할 것이다.

나는 몸에 나타나는 증상을 심리적으로 치료하면서 매우 흥미로운 사실을 발견할 수 있었다. 즉, 성관계를 갖기 전에 울거나 비애의 감정을 호소하고 나면, 성적인 쾌감이 훨씬 증가한다는 점이다. 또한 오르가슴을 느낀 후 다시 울음을 터뜨리는 경우도 흔히 있었다. 쾌락이란 억압된 모든 감정을 수면 위로 떠올릴 수 있기 때문이다.

사이비 릴리스와 남성다운 마초

릴리스 신화에서 우리는 놀랍고도 흥미로운 사실을

발견할 수 있다. 즉, 최초의 인간 아담과 릴리스는 자존심에 장애가 있는 인물이란 점이다. 아담은 자의식이 강하고 자신과 동등하다고 주상하는 릴리스가 무서웠나. 그는 분명 사신을 막강한 남자로 느끼기 위하여 릴리스가 복종해주기를 기대했을 것이다. 하지만 릴리스는 그런 갈등을 해결하지 않은 채 도주해버렸다. 그녀는 자신의 권리를 주장하기는 했지만, 아담과의 갈등을 견뎌낼 수 있는 인내심과 힘이 부족하였다.

정신분석학에서는 갈등이나 타인의 상반된 의견을 감당하지 못하는 것은 어린 시절에 받은 마음의 상처로 인해 자존심에 손상을 입은 결과라고 해석한다. 따라서 아담과 릴리스에게는 성인간에 볼 수 있는 성숙한 협의, 기대와 욕구에 대한 협상, 다양한 위치와 입장에서 서로 다른 즐거움을 창조해내는 능력이 많이 부족했던 것이다.

신은 릴리스가 도망쳤기에 그녀를 벌했다. 하지만 자신의 아내보다 더 큰 힘을 갖고자 원했던 마초 아담에게는 벌을 내리지 않았다. 분명 신은 갈등을 초래한 두 사람에게 공정하게 책임을 묻는 정신과 의사는 아니었던 모양이다. 물론 이 이야기를 기록한 사람도 신이 아니라 남자들이었다.

이 책에서 내가 다루고자 하는 주제는 모성애 장애의 원인과 그 결과를 알아보는 일인데, 사실 모성애에 장애가 있으면 무엇보다 먼저 자존심에 문제가 발생한다. 그런데 최초의 인간들이 어머니 없이 창조되었다는 사실은 이미 인간에게는 자존심 문제가 있다는 사실을 상징적으로 말해주는 셈이다.

　우리 인간은 항상 신의 모습에 자신의 심리적인 결핍, 균열, 희망, 그리움을 투사해 왔다. 가부장적인 모습으로 자신을 만들고, 인간을 어머니 없이 세상에 태어나도록 하고, 훗날 자신의 아들을 어머니로서 별 의미가 없는 '숫처녀 마리아'에게서 태어나게 한 아버지! 그 신이 세계를 지배함으로써, 기독교 문명은 애초부터 어머니가 없는 문화, 즉 모성부재의 문화임을 웅변한다. 그러므로 오늘날까지도 여자들이 교회와 사회에서 차별대우를 받고, 릴리스를 부인하며 금기시하는 것도 그리 놀랄 일이 아닌 것이다.

　나는 십자가에 못 박혀 죽은 예수와 함께 끔찍한 죽음의 초상이 오늘날 우리 문화의 상징이 되었다는 사실이야말로, 바로 어머니 없는 아이의 운명을 적절하게 보여주는 비유라고 생각한다. 사랑을 전파하는 종교인 기독교에서 어머니의 결핍은 그리움과 희망의 형태로 표현되었고, 동시에 개인적인 문제로 은폐되었다.

　사랑의 대변인이었던 예수는, 그가 전하는 사랑의 메시지를 통해 어린 시절의 결핍을 뼈아프게 기억해야 했던 사람들의 손에 의해 죽음을 맞았다. 고통을 참느니 차라리 그 기억을 상기시키는 사랑의 대변인을 죽이는 것이 그들에게 더 편했던 것이다!

　예수가 십자가에 못 박힌 그림은 고문장면이자 처형장면이다. 이 그림을 보고 기도하는 행위는 그야말로 도착적 행동이다. 그 참혹한 모습이 사랑의 죽음을 영원히 기억나게 해주지만, 그 앞에서 조용히 올리는 예배와 기도로 인해 그런 끔찍한 모습을 보고서도 경악의 고함조차 지를 수 없다.

이처럼 기독교 문화는 신화에서 어머니의 가치를 완전히 무시해버렸고, 여성적인 성향을 이브에게 한정하였으며, 사기확신도 없는 아담을 전형적인 남성으로 승격시켰다. 이로써 우리는 심각하게 결핍되어 있는 여성상과 남성상만 보게 되었다. 그들의 후손인 우리는 이들과 동일시될 수밖에 없으므로, 파트너와의 갈등이나 불화는 이미 예정된 것이나 다를 바 없다.

결혼식장에서 들을 수 있는 맹세, 즉 '죽음이 너희를 갈라놓을 때까지 서로 믿고 사랑하라'는 말은 부부에게 평생 고통을 안겨준다. 말하자면, 이런 맹세는 가부장적이고 기독교적인 문화가 모성의 부재를 은폐하기 위해 두 사람에게 내리는 무거운 짐이다. 그리하여 두 사람은 그들에게 공통적으로 결핍된 모성을 인지하지 못하고, 대신 상대방으로 인해 고통받게 되는 것이다.

모성애 결핍을 겪은 사람들이 성인이 되어 이성을 사랑하게 되면 이들은 서로 절망적인 경쟁을 하게 된다. 즉 두 사람 중 누가 더 모성애를 잘 보여줄 수 있는지 경쟁하게 된다. 이런 사람들을 보노라면, 누구나 이상적인 배우자나 부모가 될 수 없다는 사실을 깨닫게 되어 결혼에 심리적인 부담을 가질 수 있다. 다른 한편, 개인적으로나 사회적으로 진정 훌륭한 어머니를 기대하기 어렵다는 금도를 세우게 된다.

하지만 결핍된 모성은 위선적이고 그릇된 방식으로 어머니를 숭배(쓰라린 진실을 부인하고 싶은 반동작용으로) — 과거 나치 시절 아이를 많이 낳은 어머니에게 내린 십자훈장에서부터 요즘의 어머니날 등이 예가 되겠다 — 하도록 만들 수 있다. 왜냐하면 모성결핍을 숨기고 부인하면 자존심이 손상되어 상처받은 아이가 되고, 이렇게 자존심에 손상을 입은 아이는 훗날 용감한 신하, 고분고분한 군인, 능률만 올리려고 미친 듯이 노력하는 생산자, 탐욕스러운 소비자가 되어 가부장적인 사회구조를 이어받고 계속 유지하게 될 것이 분명하기 때문이다.

그러므로 이브처럼 살기를 거부하고, 부당한 억압과 남성적 혜게모니에 대항하는 많은 여자들이 여성해방운동을 통해서 단지 사이비 릴리스로 돌변할 수도 있다는 점을 충분히 이해할 수 있다. 모성결핍으로 성장했을 뿐 아니라 자신에게도 모성애가 부족하다는 점을 인지하지 못하고, 설사 인지했다 하더라도 그런 점을 감당하지 못하는 여자들은 릴리스적 특성(동등권, 능동적인 성생활, 아이를 원치 않는 성격)을 순전히 권력투쟁을 위한 무기로 사용할 따름이다.

다시 말해, 그런 여자들은 실제로 여자의 속성 가운데 이브 부분과 릴리스적 부분을 통합하지 않고, 남성적인 면과 여성적인 면도 화해시키지 않은 채, 남자로부터 권력을 빼앗기 위해서 이런 릴리스적 속성을 사용한다는 말이다.

그와 같은 투쟁은 남녀동등권과 성적인 자유를 전면에 내세우고 있지만, 속을 들여다보면 여성 자신에게 부족한 모성을 남자와의 투쟁으로 은폐하고 있는 것이다. 어머니가 되는 것을 거부함으로써 여성들은 직업적으로 발전할 수 있을 뿐 아니라 거기에는 아담의 자리를 차지하여 그를 모방하거나 능가하려는 의도가 숨어 있다.

따라서 호전적인 여성운동가들은 이브와 릴리스를 멀리한다. 이런 여성의 힘으로는 기존의 남녀관계를 실제로 개선하지 못할 것이기 때문이다. 그러니 이브와 릴리스를 통합하는 방법만이 아이가 보다 잘 성장할 수 있는 조건을 제공할 것이며, 부부관계도 훨씬 향상될 수 있을 것이다.

릴리스의 정신을 악용하고 있는 여성운동을 살펴볼 때 늘 눈에 띄는 부류가 있다. 즉 아이 없이 살고 있는 싱글 여성들로, 사회에서 유능하고 성공했다는 평판을 듣는 여자들이다. 이들은 남자들에게 매혹적으로 보이지만 남녀관계를 잘 통제하려는 여자들이다.

이런 여자들은 남녀관계를 섹스로 연결짓는 일도 잘하고, 멋진 옷과 화장으로 자신을 꾸밀 줄 알며, 성적으로 자유분방하게 살아가는 것처럼 행동한다. 하지만 실제로는 성적인 쾌감을 잘 느끼지 못하는 여자들이다. 왜냐하면 이들은 남자에게 주도권을 내주기 싫어하고, 자신의 욕구 또한 닫혀 있기 때문이다.

만일 이런 여자들이 오르가슴을 느꼈다고 한다면, 이는 대부분 클리토리스를 통해 얻은 절정의 느낌일 것이다. 이들의 쾌감은 주로 생식기 부분에 한정되어 나타나는데, 절정의 물결이 욕구(배)와 동경(가슴)으로 가지 못하도록 그들은 스스로를 컨트롤한다.

초기의 불행, 모성애 결핍, 타인으로부터의 멸시를 체험한 여자들은 사이비 릴리스처럼 애정을 받고 싶어한다. 이런 여자들은 기꺼이 침대로 가서 마음껏 소리 지르며 섹스하지만, 기본적으로 이들이 원하는 것은 성적인 쾌감이 아니다. 이들은 남자로부터 관심과 애정을 얻기 위해 자신의 육체를 제공할 뿐이다.

몸치장을 하고 에로틱한 분위기를 연출하지만, 이들이 진정 마음 속 깊은 곳에서 원하는 바는 상대의 따뜻한 애정과 관심, 그리고 인정받는 것이다. 이들은 이미 잃어버린 사랑을 추구하고 있으므로 늘 부족하고 실망스런 상태로 살아간다. 따라서 이런 여자의 곁에 있는 남자는 그녀를 만족시킬 수 없다는 절망에 빠질 수도 있다.

그리하여 결국 욕을 얻어먹는 사람은 남자인데, 이는 그들이 늘 한 가지만 원한다는 이유에서이다. 여자들은 더 오랫동안 전희를 원하고, 성관계를 끝낸 다음에도 포옹과 애무를 즐기려 하지만, 대부분의 남자들은 사정을 하고 난 다음 금세 등을 돌려 눕거나, 맥주를 가지러 일어나거나, 샤워하러 간다는 것이다.

남녀관계를 릴리스처럼 섹스화시킬 경우, 흔히 여자는 오르가슴을 잘 느끼지 못하고 남자는 성기능의 장애를 느낄 수 있다. 여자는 오르가슴을 느낄 수 없는 까닭에 거의 중독된 듯이 성행위를 반복한다. 다른 한편, 남자는 절정의 순간을 느끼지 못하거나 너무 일찍 사정해 버리는 바람에 자신의 성에 자신감을 잃고 만다. 이때 여자는 그 자리에서 남자가 재차 성관계를 요구하지 않으리라는 점을 알고 있으므로, 자신의 정력이 훨씬 강하다고 뽐낼 수 있다.

많은 여자들이 아이를 갖기 위해 릴리스의 가면을 쓰고 남자를 유혹한다. 만일 목적을 달성하면 여자의 성적인 관심은 놀라울 정도로 사그라진다. 따라서 여자도 자주적이며 쾌락을 느낄 수 있는 능력이 있다느니 하는 말은 실제 헛소리이며, 여자는 결국 아이를 갖기 위해 남자를 이용할 따름인 것이다. 자기만족의 대상이자 살아 있는 다마고치인 아이를 갖기 위하여.

사이비 릴리스와 같은 여자란 성관계를 가질 때 '마치 ~인 것처럼 행동하는' 여자들이다. 다시 말해, 실제로 성적인 쾌감을 느끼지 않지만 흥분된 것처럼 행동하고, 정말 성적으로 흥분한 것과 그런 듯이 행동하는 것의 차이를 구분하지 못할 때도 많다.

어린 시절 모성애 장애가 있던 마마보이 남자, 성인이 된 후 마초가 된 남자에게 릴리스 히스테리는 자신을 속이게 만드는 무대가 되기도 한다. 이런 남자들은 자신이 멋진 애인이라 믿고 있으며, 이에 자부심을 느끼고, 심지어 자신이 여자들에게 상당한 인기가 있다고 느낀다. 하지만 이들은 실제 에로틱한 성관계에서 이런 착각에 대한 대가를 톡톡히 치러야 한다. 즉, 여자에게 죽도록 봉사해도, 여자에게 과도한 성적 요구를 받음으로써 부담 느끼며, 결국 굴욕감까지 느끼게 된다. 성기능 장애나 심리적인 질병 등은 이런 거짓된 사디즘·마조히즘적 놀이를 피하게 해주는 자연의 선물인 것이다.

겉으로 보기에 사이비 릴리스와 남성다운 마초는 정말 궁합이 잘 맞는 듯 보이지만 내적으로는 항상 불행하다. 그야말로 현대판 부부의 대표적인 케이스이다.

아담을 마초의 전형으로 받아들인다면, 우리는 남자들이 주도하고 있는 문화에서 나타나는 여러 가지 문제를 이해할 수 있다. 특히 여자를 억압하고 전쟁을 일으키는 문화 말이다. 아담은 스스로 위대하다고 느끼기 위해 다른 사람에게 굴욕감을 주어야 한다. 아담이 여자를 무시하고 억압하다 보니, 자신도 모르는 사이 그만 자신의 공포, 불안, 감추어둔 공격성과 적대감까지 드러내게 된다. 하지만 그의 이브는 릴리스적 성향이 없을 뿐더러, 애초부터 아담의 갈비뼈로 창조되었고, 어머니 역할만 맡아야 하는 인간으로 이미 가치가 격하된 상태이다.

이브라는 어머니상은 무엇보다 파괴적인 이데올로기에 의해 악용되곤 한다. 나치 시대의 어머니들은 군인을 생산하고 아리아인을 키우는 과제를 떠맡았다. 사회주의 체제에서 영웅시되었던 여자들은 실제로는 소외된 계층이었으며, 이중고, 삼중고(직장, 배우자와 가족 / 아이들)를 떠안은 채 착취당했던 사람들이었다.

이브는 복종하고, 억압당하고, 이용당하고, 착취당하는 여자이지만, 동시에 거짓 영웅으로 숭배되기도 했다. 이는 아담이 여자를 무시함으로써 자신의 힘을 키워 왔다는 사실을 말해준다. 마초가 지닌 남성다움이란 진정한 그의 힘이 아니라 가짜 씩씩함이며, 자신에 대한 의구심을 숨기기 위해 잔뜩 부풀리고 과장한 것일 뿐이다.

'이곳에서 누가 가장 세지?' 하는 식으로 마초는 뚜렷하게 자신의 남성적인 힘을 과시하려 든다. 이들은 호전적이며, 강하게 논쟁하고, 떠벌리며, 오만방자하고, 자신을 증명하고 관철하려는 의지가 투철하고, 포기하지 않으려는 특징이 있다. 능력, 경쟁, 투쟁은 그들이 살아가는데 없어서는 안 될 요소이다. 그들은 느끼지 않으려고 행동하고 또 행동한다. 행동주의는 지각을 막아주고, 무언가 체험하기 위해 위험한 모험에 도전한다.

여자는 이런 남자의 자기애적 만족에 이용당한다. 여자들은 감탄하는 눈빛으로 그들의 마초를 올려다보고, 존경하고, 인정하고, 봉사하고, 복종해야 한다. 여자들은 남자들의 모욕, 난폭함, 위협, 종속을 통해서 길들여진다. 마초는 자신의 감정을 다스리고, 자신의 신체를 연마하며, 근육을 키우고, 값비싼 자동차를 몰고 다니고, 사회적인 성공을 위해 노력한다. 이렇듯 마초는 자신의 부족함을 감추고, 약점을 은폐하며, 열등감을 보상받기 위해 그 모든 것들이 필요한 것이다.

마초는 자신이 위대하고 강하다는 것을 증명하고 싶어한다. 이를 위해 사회적으로 허용되는 모든 수단은 물론 금지하는 수단까지 동원한다. 예를 들어 완력, 돈, 권위 등도 이용하는 것이다. 마초는 반드시 승리해야 하는데, 그렇지 않으면 그는 자신에게 실망하여 탈진할 위험이 있다. 마초는 자신의 부족함, 쾌락을 느끼지 못하는 무능, 자신에 대한 불신을 느끼지 않으려고, 탐욕스럽고 음험하며 거만하게 군다.

또한 그는 여자를 무시하고 더럽히기 위해 섹스를 이용한다. 여성의 질은 언제나 그의 마음의 상처를 빨아들이는 역할을 한다. 그렇지 않으면, 그는 여자와 좀더 친밀해지는 것을 막고 그녀가 굴욕감을 느끼도록 침대에서 남자구실을 하지 않는다. 이때 마초의 태도는 거부를 의미하는데, 이는 어린 시절의 공포심이나 무시당했던 경험 때문에 나타나는 증상으로 볼 수 있다.

마초는 상대의 말에 귀 기울이지 않는 편이며, 감정이입을 하기보다 명령을 내리고, 좋은 기회가 올 때까지 기다리는 것이 아니라 행동을 하며, 곰곰이 생각하기보다 쉽게 판단을 내린다. 자신의 자존심이 상처받지 않도록 마초는 모든 것을 동원한다. 물론 이때 어머니 때문이라고 절대 말하지 않으며, 기껏 아버지 탓을 하거나 대부분 다른 사람에게 책임을 전가한다. 따라서 이들에게 다른 남자는 영원히 경쟁자가 되며, 여자들은 자신의 노예에 불과한 것이다.

마초는 어린 시절의 상처를 또다시 견뎌야 하는 상황을 감당할 수 없기 때문에, 남들과 경쟁하고 성과를 올리고 떠벌린다. 이런 마초를 치료할 수 있는 방법은 사실 울음밖에 없을지도 모른다. 만일 그가 자신에게 모성애가 결핍되었다는 사실을 알게 된다면, 진실로 그는 더욱 강해질 것이다. 왜냐하면, 이제 진실을 억누르거나 여자를 무시하는데 자신의 힘을 더이상 소비할 필요가 없으며, 미래를 위해 눈물이라는 무기까지 사용할 수 있기 때문이다.

2

Der Lilith Komplex

엄마로서 꼭 해야 할일,
절대로 하지 말아야 할일

릴리스 콤플렉스, 더 구체적으로 표현하여 아이를 싫어하는 성향을 부인하는 태도가 모성애에 장애를 일으키는 주원인이라고 할 수 있다. 사실 어머니가 되어 아이를 돌보는 일이 부담스럽다고 솔직하게 고백하며, 자신에게도 다른 일을 하고 싶은 욕구가 있다고 말하기란 여간 힘든 것이 아니다. 만일 그런 어머니가 있다면, 그녀는 금세 계모라는 등의 비난을 받게 될 것이 뻔하다.

하지만 아이들이란 부모의 신경을 곤두서게 하고, 차라리 낳지 않았으면 좋았을 것이라는 푸념이 나올 정도로 말썽을 피운다는 사실은 인정해야 한다. 그런데 유독 어머니만 그런 말을 할 수도, 해서도 안 되는 것이다. 말을 듣지 않는 아이 때문에 화가 나거나, 이런저런 요구를 해대는 아이로 인해 성가시다고 느끼는 감정은, 아이의 불행이나 질병에 대하여 어머니로서 슬픔과 고통을 느끼는 것과 마찬가지로 지극히 정상적인 느낌이라고 할 수 있다.

거의 모든 어머니들은 훌륭한 어머니가 되고 싶어하며, 이를 위해 최선을 다할 것이다. 하지만 이들은 어머니이기 때문에 엄청난 부담감을 안게 된다. 아이를 돌보는 일이란 24시간 봉사해야 하는 일이다. 그린데 어머니는 당연히 여자로서, 배우자로서의 역할도 하고 싶고, 직장에 다니고 싶으며, 취미도 살리고 싶다.

또한 대부분의 여자들은 어머니가 될 준비를 제대로 하지 못한다. 물론 출산준비를 위한 코스가 있기는 하지만, 어머니로서 필요한 준비가 제대로 된 형식으로 제공되는 경우는 거의 없다. 흔히 어머니는 자신의 어머니로부터 물려받은 경험을 이용하게 되며, 자신의 어머니보다 더 잘 하고 싶어한다. 그러나 실제로 이런 경험은 별로 도움이 되지 못한다. 그래서 무의식적인 릴리스 콤플렉스, 기독교적 어머니상, 제한된 주관적 경험, 불충분한 사회적 지원으로 인해 어머니가 된 여자들은 혼란스러운 상태에 빠지게 된다.

이런 상태에서 엄마가 아이의 욕구를 제대로 받아줄 수가 없다. 더욱이 아이를 낳고 난 다음 남편에게 덜 매력적인 여자로 보인다거나, 직장이나 사회에서 경력을 쌓는데 단점이 된다는 사실을 알게 되면, 어머니는 어머니로서의 역할을 충분히 잘 해낼 수가 없다. 그러나 이와 같은 점을 부인하게 되면, 그것은 위선적인 모성애를 낳게 되고, 결국 심각한 결과를 초래하고 만다.

나는 지금부터 아이의 입장에서 어머니에게 기대하는 바가 무엇인지 얘기하려고 한다. 아이가 어머니에게 기대하는 것은 발달과정에서 매우 중요한 의미가 있다.

먼저 결론을 살펴보면, 현재 지배적인 사회·문화적 조건에서 아이들은 마음의 상처를 받을 수밖에 없으며, 또 이와 같은 상황을 간파하지 않으면 어머니들을 큰 위험에 빠뜨리게 되는 것이 분명하다. 다시 말해, 혼자서는 해결할 수 없는 과제로 인해 어머니들이 좌절하거나 망가져서, 결국 아이들이 가장 먼저 고통을 당해야 하는 위험한 상태에 빠지게 된다.

따라서 아이들이 어머니에게 요구하는 사항을 살펴보면 우리가 해야 할 일을 알 수 있다. 우선 우리는 아이들이 어머니로부터 더 많은 배려를 받을 수 있는 정책이 수립되도록 노력해야 하며, 근본적으로 모성애가 중요한 가치로 평가받고 꽃 피울 수 있는 사회적 분위기가 조성되도록 힘써야 한다.

아이들이 어머니에게 요구하는 사항 가운데 가장 중요한 것은 곁에 있어줄 것, 아이의 입장에서 느껴줄 것, 현실적으로 갖게 되는 한계를 솔직하고 용기 있게 말해줄 것, 불쾌한 경험뿐 아니라 즐거운 경험도 감정적으로 이해할 수 있도록 어머니가 도와줄 것 등이다.

아이가 어머니에게 요구하는 것들

곁에 있어줄 것   처음 아이는 어머니와 자신을 공생관계로 체험한다. 즉 아이는 자신과 어머니를 구분할 수 없는 것이다. 어머니는 아이에게 속하며, 아이가 보기에 어머니는 바로 자신이다. 따라서 어머니의 부재는 자신의 존재를 상실하는 것을 의미하고, 죽음과 같은 것으로 받아들여진다. 갓난아이는 어머니 없이 살 수 없다. 아이는 음식물, 온기, 신체적 접촉을 필요로 하고, 어머니가 자신을 보호해주며 자신의 존재를 긍정해주기를 원한다.

그러나 어머니가 곁에 있는 것만 중요한 것이 아니라, 어떻게 곁에 있는지도 중요하다. 어머니는 아이의 욕구를 어떻게 받아들이는가? 아이는 어머니에게 닿을 수 있으며, 적절한 대답을 얻을 수 있는가? 어머니는 아이가 원하는 것을 이해하고, 아이의 경험과 반응을 정확하게 알아차리는가? 이것을 위해 사람들은 자신의 아이를 기르면서 연습하고 배워야 한다.

물론 어머니는 그렇게 될 준비를 해야 한다. 하지만 아이는 온갖 요구를 해대며 어머니를 궁지로 몰아가고, 이로써 어머니에게 쓰라린 마음을 심어주는 것이다. 그래서 대부분의 어머니들은 아이에게 한계를 정해주고 훈육을 시키려고 시도한다. 하지만 그것보다 아이에게 더 좋은 방법은, 어머니가 자신의 한계를 알고 수용하며, 아이에게 죄책감을 느끼지 않고 그 한계를 설명해주는 것이다.

아이는 어머니와 개인적으로 신체적인 접촉을 원할 뿐 아니라, 감정적인 교감도 이루어지기를 원한다. 말하자면, 어머니와 아이 사이에는 '에너지의 강'이라는 것이 흐르고 있는데, 이를 통해 어머니는 자신의 사랑, 호의, 이해를 아이에게 '전송하고' 아이의 뜻을 '수신하여' 이해하고, 번역하고, 반영한다는 것이다. 아이가 어머니에게 고뇌, 두려움, 기쁨을 주고 받아들이듯이, 어머니는 아이의 고통을 어루만져주고, 두려움을 가진 아이에게 용기를 주며, 재미있어 하면 더 재미있게 해주어야 한다.

따라서 어머니가 곁에 있다는 것을 공간적으로만 이해해서 안 되며, 아이와 어머니 사이에 흐르는 에너지 교환과 감정적인 측면도 고려해서 파악해야 한다. 단순히 어머니가 곁에 없다고 해서 아이가 정신적 충격을 받는 것이 아니며, 어머니가 무관심하게 대하거나, 스트레스가 잔뜩 쌓여서 혹은 우울증에 빠진 상태에서 아이를 다루거나, 그렇지 않으면 공격적이거나 냉담하게 아이를 대할 경우에 아이는 상처를 받는 것이다. 자신의 심리적인 장애 때문에 어머니가 한계를 그어버리면, 아이는 세상을 공허하고 무의미하게 경험한다. 그리고 아이가 나중에 성장하여 신뢰, 희망, 확신 같은 것을 느끼지 못할 것이다.

다른 한편, 가령 우리가 유아원이나 유치원이 아이들에게 유익한가에 대한 문제를 논의할 때, 어머니가 곁에 있는 것이 항상 좋다고 잘못된 결론을 내려서는 안 된다. 실제로 아이에게 해를 입히는 어머니도 있으며, 어머니가 곁에 있다는 사실만으로 아이가 위협을 느끼고 두려워하는 경우, 적어도 한시적으로나마 아이를 어머니로부터 격리시켜서 다른 사람이 돌보는 것이 더 좋을 때도 있다.

이런 경우에 비교적 무능하거나 공격적인 어머니보다는 유아원의 교사들이나 직원들이 아이의 성장과 발전을 위해서 더 나은 조건을 제공할 수 있다. 비록 유아원이 늘 — 최상의 물리적 조건을 갖추고 훌륭한 보육 교사들이 있다 하더라도 — 어린 나이의 아이를 어머니와 떨어뜨려놓음으로써 마음에 상처를 줄 수 있다는 비난을 받고 있음에도 불구하고, 그런 시설들이 아이에게 무조건 나쁘다고 말할 수

만은 없다.

어머니가 아이의 곁에 있는 것이 좋은지 나쁜지는 어머니 스스로 잘 모른다. 이는 어머니가 마음속으로 아이를 어떻게 받아들이며 아이에게 어떤 태도를 취하는가에 따라 결정된다.

어머니의 감정이입 능력   한 아이의 운명은 어머니의 감정이입 능력과 자세에 달려 있다고 해도 과언이 아니다. 즉, 아이의 초기 욕구, 반응하는 방법, 아이만의 독특함을 어머니가 느끼기를 원하고, 실제 느낄 수 있는지에 따라 아이의 운명이 달라진다는 뜻이다.

여기서 가장 중요한 점은, 어머니가 아이를 위해서 존재하는가 아니면 그 반대인가 하는 문제이다. 물론 이 두 입장을 명확하게 구분하기란 현실적으로 어렵고, 대체로 두 가지 입장이 모두 혼합되어 있지만, 그 가운데 어느 입장이 더 우세한가를 의미한다.

이때 중요한 것은, 어머니가 실제로 무슨 일을 하느냐가 아니라, ― 무엇보다 무의식적으로! ― 어떤 생각으로 행동하고 무엇을 전달하느냐이다. 이상적인 어머니는 다음과 같은 입장을 취한다.

"나는 정말 너를 원했단다. 이제 나는 네가 어떤 아이이며 무엇을 원하는지 알게 되었어. 그리고 내 방식이 나의 능력이나 실수와 함께 너에게 영향을 끼친다는 것도 알아. 하지만 내 방식을 무조건 고집할 생각은 없으며 너에게 충분히 설명해줄게. 물론 나는 네가 나와 다르다는 점을 받아들이려고 노력할 거란다."

자신의 아이를 파악하고 이해하는 법을 배우기 위해서 어머니는 스스로를 잘 알고 있어야 하며, 자신의 약점과 한계를 참고 인내할 줄도 알아야 한다.

아이들이 가장 쉽게 맞이하게 되는 운명은, 어머니에게 스스로에 대한 인지능력이 한정되어 있음으로써 생긴다. 즉, 자신을 인지하는 어머니의 능력이 제한되어 있어서, 그처럼 제한된 능력의 테두리 안에서 오직 아이를 이해하거나 인지한다는 것이다. 이로 인해 어머니와 아이가 맺는 관계에 무언가 걸림돌이 나타나고, 왜곡과 균열이 생기게 된다.

만일 어머니가 자신의 충족되지 않은 욕구와 불행했던 과거의 사건을 또다시 인지함으로써 느끼게 될 고통을 피하고자 자신의 인지능력을 제한해버리면, 건강하고 생명력이 넘치는 아이는 방어자세를 취하고 있는 어머니에게 위협적인 존재가 된다. 그리하여 어머니는 자신이 감당할 수 있을 만큼만 아이가 행동하도록 모든 수단을 동원하게 되는 것이다.

이처럼 대부분 무의식적으로 일어나는 조종행위, 즉 어머니가 아이를 조종하는 이 비극적인 행위는 타인의 충고를 통해서 고쳐지지 않으며, 어머니가 전문가의 도움을 받아 자신의 운명에 대하여 이해할 때 비로소 해결된다. 이러한 자아체험은 어머니의 마음속에 숨어있는 상처나 결핍을 적절한 감정을 투입하여 분석하고 해석함으로써 가능하다.

아이를 충족시키는 능력　생명이라는 것이 만들어지면, 어머니가 그 생명의 욕구를 가장 많이 충족시켜주는 주인공이 된다는 사실은 우리 모두 이미 알고 있거나 경험했을 것이다.

맨 처음 아이는 어머니와 자신이 나른 존재라는 사실을 구분하시 못하며, 어머니를 자신에게 속해 있으면서 자신의 욕구를 채워주는 근원으로 경험한다.

이런 낙원에서 추방되면서부터, 즉 어머니의 몸에서 세상으로 나오면서부터 아이는 점차 냉혹한 현실을 받아들이고 심리적으로 온전하게 살아남아야 하는 것이다. 물론 이것은 어느 정도의 시간이 흘렀을 때 독자적으로 살아갈 수 있기 위한 조건이자, 스스로 즐거움을 얻을 수 있는 능력을 갖추기 위한 조건이 된다.

어머니는 아이에게 젖을 물림으로써 배고픔만 달래주는 것이 아니다. 젖을 물린다는 것은 어머니가 가지고 있는 기본적인 능력, 즉 온기, 보호, 안전, 용기, 위로 등을 아이에게 전해줄 수 있는 행위이다. 어머니의 긍정적인 삶의 자세를 통해서 어려운 시기를 보내고 나면 더 좋은 때가 오리라는 희망을 전해주기도 한다.

또 피할 수 없는 고통을 받아들여 감정적으로 소화시키는 법을 가르쳐줌으로써, 어머니는 불쾌한 상태도 극복할 수 있다는 믿음을 아이에게 선사한다. 물론 아이에게 중요한 것은 가능하면 자신의 욕구가 적절하게 충족되는 것이다. 그것도 아무런 제한 없이 즉시 충족되기를 아이는 바란다.

사실 아이의 쾌락원칙에는 한계가 없다. 아이가 현실을 경험할 수 있는 가장 좋은 방법은 어머니가 사랑하는 마음으로, 그리고 건강하게 가르쳐주는 것이다. 여기서 말하는 '사랑'이란 칭찬이나 인정을 받겠다는 의도 없이 순수한 마음으로 다른 사람이 잘되도록 배려하는 것이다.

흔히 "너를 사랑하기 때문에 엄마가 해주는 거야!"라는 말을 아이는 자주 듣게 되는데, 사실 이런 말은 아이에게 부담을 주게 된다. 왜냐하면, 진정한 사랑이란 그렇듯 말로 강조하는 것이 아니기 때문이다.

여기서 말하는 '건강'이란 사회·심리적 성숙을 말한다. 자신의 욕구를 받아주거나, 혹은 충족되지 못한 자신의 욕구를 늘 감정적으로 이해할 수 있는 자세를 말한다. 물론 이러한 의미에서 어떤 어머니도 자신의 욕구와 아이의 욕구를 지속적으로 적당하게 충족시켜줄 수 있을 만큼 건강과 사랑으로 넘쳐나지는 않는다.

만일 어머니가 가능한 최선을 다하고 자신의 한계를 자신의 문제로 인정한다면 문제될 것이 없다. 그러면 아이는 자신이 느끼는 욕구를 표출했다는 이유로 자신이 잘못했으며, 너무 많은 것을 요구하고, 예의도 없으며, 무리하다고 느끼지 않을 것이다. 실망해서 아이가 크게 울음을 터뜨리며, 충족되지 못한 욕구와 손실에 대하여 슬퍼할 때, 어머니에게 그렇게 울 만하다고 인정을 받으면 된다.

"그래, 알겠어! 미안하지만 나는 지금보다 더 잘하지는 못해. 더 많이 줄 수도 없고! 그러니 네가 싫어도 어쩔 수 없단다!"

어머니가 이런 식으로 반응하면, 아이의 입장에서 볼 때 릴리스 콤플렉스는 극복된 것과 마찬가지이다.

어머니가 정해주는 현실의 한계　　여기서 말하는 한계란, 모든 어머니가 직면하게 되는 현실적 한세상황이 아니라, 어머니가 아이에게 세워주고 정해주어야 하는 규칙을 말한다.

이것은 기준이자 방향, 시간적인 한계 혹은 제한으로, 아이가 예측하지 못하고 이해할 수 없는 위험으로부터 아이를 보호하기 위해서 반드시 필요한 것이다. 즉, 다른 사람들과 마찬가지로 어머니도 인간으로서 욕구를 느끼고 권리를 가짐으로써 아이가 느끼게 되는 한계인데, 아이는 이것을 받아들이는 방법을 배워야 한다.

'한계'란 접촉과 커뮤니케이션을 의미하며, 아이가 사람들에게 매우 중요한 존재라는 사실을 새삼 일깨워준다. 복지와 성장을 추구하는 삶의 형태가 지배적인 상황에서 다양성과 무한한 가능성은 오히려 위협과 혼란을 야기할 수 있으며, 방향을 잃게 할 수도 있다. 늘 스스로 의식하지 못하는 여러 가지 원인이 작용하기 때문에 자신이 어떤 행동을 하게 된 동기를 즉각 이해하기란 누구에게도 간단한 일이 아니다.

그러므로 언제 "안 돼"라고 말해야 하는지, 그리고 정말 걱정이 되어서 혹은 자신이 가진 한계 때문에 아이에게 어떤 선을 그어주어야 하는지, 정확하게 알기란 누구에게나 힘든 일이다.

한창 뛰어노는 활기찬 아이를 남으로부터 핀잔, 경고, 위협을 받지 않으면서 데리고 갈 수 있는 곳은 어디일까? 친척이나 친구 집에 데려가기 위해 아이에게 어느 정도의 주의를 주어야 할까? 레스토랑에서 식사하려면 얼마 만큼 아이의 기를 죽여야 할까? 유치원에 보내려면 어떤 훈련과 질서의식을 가르쳐야 하고, 학교에 입학시키려면 어느 정도 실력을 심어주어야 할까? 사실 우리의 현실을 살펴보면 어디를 가더라도 아이에게 그다지 친절한 분위기가 조성되어 있지 않다.

아이를 훌륭하게 돌보거나 그렇지 않다는 판단기준은, 우리가 옳다고 생각하는 방식으로 아이를 돌보거나, 혹은 일반적으로 다른 사람이 하는 대로 아이를 돌보는 것이 아니라, 아이가 필요한 것을 감지하고 충족시켜주는데 있다. 그리고 불가피하게 규칙을 정해주어야 할 경우, 이를 아이가 감정적으로 받아들이고 이해하는 능력에 달려 있다.

소위 말하는 '초기장애'란 어머니의 부재, 부족한 감정이입, 미흡한 욕구충족, 규칙을 정하는 일을 태만히 했을 때 생기며, 특히 아이가 태어나서 네 살 때까지 그런 것을 경험했을 때 발생한다.

달리 표현하면, 아이가 어렸을 때 접촉을 잘하지 않았거나, 어머니와 관계가 느슨했거나, 어머니가 자신의 목적 때문에 아이를 다른 곳으로 보냈다면, 아이에게 육체적·심리적·사회적 장애가 발생하고, 이것은 흔히 어른이 되어서야 분명하게 나타난다.

내가 지금 말하고 있는 장애란 심각한 심리적인 상처가 아니다. 이를테면 낙태, 아이를 거부하는 심리, 잔인한 폭력, 아이의 방치 또는 유기, 어머니의 정신적인 질병, 아이를 학교에 보내지 않기, 어머니가 일찍 죽어서 생긴 심리적인 상처, 그로 인해 나중에 아이도 정신질환을 앓게 되는 그런 심각한 상처에 관해서 말하고 있는 것이 아니다.

여기서 말하는 장애란 '보통 사람이 가진' 장애로, 겉으로 보면 아무런 문제가 없는 것처럼 보이며, 물질적으로 안정되어 있는 수많은 아이들도 겪고 있는 심리적인 상처이다. 그러나 바로 이런 이유 때문에 더욱 끔찍한 불행이라 할 수 있다.

만일 우리가 이를 변화시킬 능력이 없다면, 아이들은 지금과 마찬가지로 미래에도 그런 불행에서 빠져나오지 못할 것이다. 어린 시절에 겪게 되는 사회·심리적인 상처는 사회를 파괴하는 대재난을 가져올 수 있다. 그래서 시민의 대다수가 그와 같은 장애를 갖고 있다면, 경우에 따라서 병리적으로는 '정상'이나 '평범함'이라는 것이 오히려 우리의 관심을 끌 수밖에 없다.

모성애 장애를 방지하기 위해서는 어머니들이 아이의 곁에 있어주고, 감정이입을 잘하고, 아이의 욕구를 충족시켜주고, 필요한 한계를 그어줄 필요가 있을 때 사회로부터 충분한 지원을 받아야 하고, 릴리스 콤플렉스의 결과를 잘 이해하여야 한다.

어머니의 무의식적인 태도

릴리스 콤플렉스는 어머니로 하여금 아이의 요구와

기대를 무의식적으로 거절하도록 만든다. 이밖에도 남편과 갈등이 있거나 사회적으로 과도한 요구를 받아서 어머니의 처지가 난처하게 되면, 무의식적으로 아이를 거부하는 어머니의 태도는 심각한 수준에 이를 수 있고, 이는 아이를 위협하는 무기가 된다.

왜냐하면 아이는 이런 문제에 대하여 어머니에게 따질 만한 능력이 없으며, 어머니는 자신의 내면을 통찰하지 않으면 아마도 변하지도 않을 것이고, 태도 또한 고치지 않을 것이기 때문이다.

릴리스 콤플렉스에 빠져 있는 어머니들은 아이의 요구에 대하여 다음과 같이 거절하는 태도를 취한다.

🍁 그렇게 하지 마!

🍁 힘들게 하지 마, 좀 설치지 마!

🍁 내가 시키는 대로 해!

그렇게 하지 마! 　무의식적으로 거절당한 아이는 자신이 평생 불행하게 살 것이라는 저주에서 벗어나지 못한다는 점을 우리는 알아야 한다. 아이가 어머니로부터 철저하게 거부를 당하거나 자신의 존재에 대해 의문을 품게 되면, 아이는 평생 불안해 하고 자신의 삶에서 어떤 의미도 찾지 못하며, 아웃사이더, 왕따, 어디에도 속하지 못하는 사람으로 근근이 살아가게 될 것이다.

이런 사람은 자신에게서 남들과 다른 점을 발견하면 무엇이든 위협적으로 받아들이고, 비판적인 이야기가 흘러나오면 모두 자신을 겨냥한 것이라고 보게 된다. 또한 무의식적으로 자신은 거절당했으며 존재해서는 안 될 인물인 것처럼 행동하게 된다. 그리하여 그는 다른 사람들에게 거부감을 준다. 가령 다른 사람을 방해하고, 신경을 건드리고, 냄새를 풍기고, 역겹게 만든다.

여기서 내가 말하는 사람이란 더러운 몰골로 술에 잔뜩 취해 있는 알코올 중독자나, 욕을 얻어먹으면서도 비싼 물건을 파는 가게 앞에 앉아 있는 냄새나는 노숙자, 혹은 절망적인 표정으로 자신의 불행을 드러내고 있는 거지가 아니다. 이런 사람들은 비록 욕을 얻어먹을지언정 적어도 자신의 내적인 운명을 사회라는 무대에 올려놓을 수 있는 사람들이다.

내가 말하는 사람들이란 어디를 가도 볼 수 있는 사람들로, 자신은 살 가치가 없고, 사회가 원치 않는 존재라고 믿고 있는 수많은 사람들을 말한다. 이런 아이들은 유치원에서도 소외당하고, 학교에서도 조롱과 놀림의 대상이 된다.

이들은 아웃사이더, 대표로 얻어맞는 학생, 울보, 밉살스러운 창녀이다. 그러나 그들의 외적인 모습과 태도가 어린 시절에 어머니로부터 철저하게 거부당한 경험에서 생긴 증상이라는 점을 누구도 쉽게 알아차리지 못한다.

자신이 아무런 가치가 없는 존재라는 과거의 경험이 훗날 그 사람에게 삶의 원칙이 되어서, 그는 과거의 경험과 현재를 일치시키기 위해 무의식적으로 세상을 거부하면서 살아간다는데 비극이 있다. 분명 과거에 자신이 거절당한 것을 기억하는 일보다 현재 나라는 존재가 환영받지 못한다는 사실이 훨씬 참기가 수월할 것이다.

현재 자신이 사랑받지 못하는 원인과 증거를 제시할 수 있는 사람은, 이것으로 가슴 깊이 묻어둔 아픈 경험을 인정하는 셈이다. 하지만 자신이 왜 그렇게 비참하게 사는지, 또 사람들이 왜 그를 받아들이려 하지 않는지에 대해서는 생각하기조차 꺼린다. 이는 다른 사람도 그의 행동을 이해할 수 있도록 해명해주는 일인데도 말이다.

반면, 현재 누구로부터 진정한 사랑을 받고 있고, 그래서 과거에 거절당한 경험이 거짓이라고 보는 사람이라면, 어머니의 정체를 파헤쳐서 자신의 삶을 위태롭게 했던 경험과 직면할 것이다.

이 사람은 스스로 아무런 대답도 할 수 없는 이유로 어머니에게 거절당했다는 사실을 결국 알게 될 것이다. 이것이야말로 정말 감당하기 어려운 끔찍한 일이 아닐 수 없다.

이런 점에서 볼 때 우리는 항상 거절하고, 참을 수 없게 행동하며, 화를 내고, 싸움을 걸고, 그럴 필요가 없는데도 미움을 사는 사람을 이해할 수 있게 된다. 언짢은 불평꾼, 비판을 일삼는 비평가, 걸핏하면 싸움을 거는 사람이라면, 어린 시절 이런 거절을 당한 경험이 없는지 의심해볼 만하다. 또한 계속 불행을 당하는 재수 없는 사람, 항상 지는 사람도 마찬가지이다.

물론 우울증을 앓고 있거나 자살을 시도한 사람, 사고를 당한 사람 그리고 만성적인 질병에 시달리는 사람도 많은 경우 어린 시절에 당한 이런 거절의 경험이 그 원인이라 볼 수 있다. 이때의 질병은 과거의 저주와 삶에 대한 자신의 의지 사이에서 생긴 갈등으로 이해할 수 있다.

리모니리는 여지가 있었다. 당시 그녀는 34세였고, 매우 여성적이며 매력적인 여자였다. 하지만 몇 년 전 그녀가 처음으로 나를 찾아왔을 때, 그녀는 스포츠 머리에 운동복 차림을 하고 있어서 마치 소년처럼 보였다. 당시 우리 두 사람은, 그런 차림새가 살아남기 위해 그녀가 의도적으로 선택한 것이라는 사실을 알지 못했다. 여성으로서 자신감을 갖지 못하고 매우 불안해 했던 그녀의 어머니와 함께 살기 위해 라모나는 그렇게 할 수밖에 없었던 것이다.

그녀의 어머니는 자신에게 부족한 점을 은폐하기 위해 마녀처럼 히스테리를 부렸고, 연극무대에서나 볼 수 있을 법한 방법으로 가족을 괴롭혀서 고통을 주기도 하였다. 아버지는 직장과 스포츠에 전념함으로써 이 문제에서 벗어나 있었는데, 딸보다 아들이 있었다면 더 좋았겠지만, 어쨌든 좋은 성적을 받아오라고 강요할 정도로 아버지의 권리를 행사함으로써 그는 딸에게 존경심을 얻었다.

라모나는 어머니에게 깊은 상처를 받았지만 아버지에게는 어떻게 해야 할지 알 수 있었고, 또 인정도 받았다. 그녀는 소년처럼 스포츠 스타일을 하고, 학교에서 좋은 성적을 받아가면 되었으니까 말이다. 그러다 그녀는 자궁암이 생겨서 자궁제거 수술을 받게 되었다. 그녀는 여성에게 있어 가장 중요한 기관이라 할 수 있는 부분에 질병이 생겨 생명을 위협받았을 뿐만 아니라, 정신적 위기까지 맞이하게 되었다. 우울증으로 인한 절망감 때문에 그녀는 결국 심리치료를 받아야 했던 것이다.

몇 년 동안 우리는 그녀의 지나간 운명을 이해하기 위해 노력했고, 그녀는 점차 자신에 대한 신뢰감을 되찾기 시작했다. 물론 경악하고 절망에 빠지기도 했지만 말이다. 지금도 나는 어느 날 치료를 받으러 왔던 그녀의 모습을 잊을 수가 없다. 당시 그녀는 우울증으로 거의 자살의 문턱에까지 가 있었다. 남자친구가 자신을 버렸고, 여자친구도 연락이 안 된다는 것이었다. 모두에게 버려진 상태에서 혈액순환도 제대로 되지 않아 이대로 쓰러져 죽게 되는 것이 아닌가 하는 공포심에 빠져 있었다. 아무도 자신을 발견하지 못하거나 그녀를 보살펴주지 않을지도 모른다는 두려움을 느끼고 있었다.

나는 무언가 찾고 있는 그녀의 손을 잡아주었는데, 이것은 그녀에게 도움이 되었다. 그녀는 당시 의지할 사람이 아무도 없었기에 내 손을 잡고 마음껏 흐느껴 울 수 있었고, 또한 그 순간 어머니에게 아무런 보호도 받을 수 없지만, 이제는 스스로 자신을 돌볼 수 있다는 자신감을 깨닫게 되었다.

힘들게 하지 마, 좀 설치지 마!   '형편이 좋지 않을 때' 태어났다는 이유로 불행한 운명을 살아야 하는 많은 아이들이 있다. 이런 아이들의 부모는 아이를 싫어하는 사람이 아니지만, 태어난 시점에서는 아이를 원하지 않았던 부모이다. 그들이 그 시기에 아이를 갖지 않으려고 하는데는 여러 가지 이유가 있다.

가령 부모의 나이(너무 젊거나 너무 늙음), 교육문제, 직장문제, 사회적인 갈등, 부부간의 갈등, 그밖의 다른 계획으로 인해 아직 아이를 가질 시기가 아니라고 판단한 것이다. 따라서 이런 부모들은 기본적으로 아이를 원하지만, 지금은 적당한 시기가 아니라고 본 것이다. 만일 원치 않는 시점에 아이가 생기면 이미 짜놓은 계획이 엉망진창이 되고, 어머니가 직장을 그만두어야 하는 일이 벌어질 수도 있으며, 마침 어머니가 직업교육을 받고 있거나 대학을 다니고 있다면 이를 중단해야 하는 사태도 벌어진다.

이처럼 힘들지 않게 하고, 방해하지 않고, 가능한 한 어떤 요구도 하지 않으면서 성장해주기를 바라는 부모의 기대 때문에 아이는 태어나면서부터 부담을 떠안게 된다. 이런 부모에게 아이는 키우기 쉬워야 하고, 빨리 자립해야 하고, 용감하고 사랑스러우며, 부모의 말을 잘 들어야 한다. 그래야만 아이에게 시간을 많이 빼앗기지 않고 자신들의 관심거리도 포기하지 않을 수 있기 때문이다.

따라서 부모가 원치 않는 시기에 태어난 아이는 처음부터 부모의 삶으로 인해 부담을 갖게 된다. 아이가 태어날 당시, 부모의 사회·경제적 상황이 아이에게 짐이 되는 것이다.

가령 아이는 부모가 처하게 되는 어려움과 실패에 대하여도 어느 정도 책임을 지게 된다. 이전에는 부모가 사회의 부당함에 격분을 터뜨렸는데, 사실 이 분노는 정당한 것이다. 하지만 아이가 태어나면 부모는 그 분노의 화살을 아이에게 돌리는데, 이는 지극히 부당한 처사인 것이다. 그리하여 아이는 부모와 사회 간 갈등의 상징이 되는 것이다.

만일 여자가 남편을 자신에게 묶어두거나 어머니로서 자기애를 충족시키고자 아이를 원하고, 아이를 가짐으로써 삶의 의미와 권력을 쥐려고 할 경우, 아이가 자신의 욕구를 마음껏 펼쳐 보이면 안 된다. 한편으로, 아내에게 집안일만 시키고 이브처럼 자신에게 복종하도록 만들기 위해서 아이를 갖고자 원하는 남자도 있다. 이런 남자들은 아내를 아이의 어머니로 만들어 많은 부담을 지우고, 이로써 자신에게 예속되게 만들어, 가정 내에서 권력의 자리를 혼자 차지하고자 하는 것이다.

부모가 원치 않았던 아이가 평생 자신의 존재이유에 대하여 의심을 한다면, 아이는 심각한 죄책감에 시달리며 자신은 실수로 잘못 태어났다는 생각을 품은 채 살게 된다(부모님이 경제적으로 어렵게 된 것, 엄마가 대학을 그만둬야 했던 것, 그리고 직장을 잃은 것, 아버지가 가정을 버리고 떠난 것, 혹은 아버지가 알코올 중독자가 되고, 폭력을 휘두르는 것이 바로 자신의 책임이라고 믿는다). 부모의 장애, 사회적인 갈등, 사회적으로 비정상적인 상황이 모두 아이의 내적인 갈등으로 되어버린다.

부모로부터 환영받지 못한 사람은 자신이 세상의 부담을 모두 짊어지고 몸을 구부린 채 살아가야 하는 불행한 '아틀라스'로 간주한다. 이런 사람은 환영받는 인물이 되기 위해서 엄청난 에너지를 발산하게 되고, 가능하면 출세해서 부모에게 사죄받고자 원한다. 이런 방식으로 살아가는 사람들은 인기 있는 사회자, 성공한 연예인, 유명한 스타, 다재다능한 사람이 될 수 있다. 물론 이런 사람들은 느긋하게 휴식을 취할 줄 모르며, 성공을 건전하게 즐길 줄도 모른다. 그러나 명성을 얻으려는 노력은 어머니로부터 환영받지 못했다는 심리적 고통을 덜어준다.

내가 시키는 대로 해!   부모의 의지와 기대대로 살려고 노력하는 아이는 결국 그로 인해 해를 입게 된다. 이이들은 부모의 충고와 지도가 필요하고, 부모의 태도를 자신의 행동기준으로 삼아 삶의 방향을 설정하는 법을 배우게 된다. 이는 지극히 정상적인 발달과정에 속한다. 따라서 부모가 해주는 충고의 수준이나, 본보기로서 부모가 보여주는 명확함, 이해력, 현실성은 아이의 발전에 지대한 영향을 미친다.

하지만 많은 부모들은 자신이 원하는 것을 관철시키고자 하며, 아이가 자신처럼 되기를 희망한다. 부모들이 의식하지는 못하지만 자신과 다르게 살아가는 삶의 방식에 대해 두려움을 갖고 있고, 자신이 할 수 없는 방식으로 아이가 살아가는 것을 허락하지 않는다.

아이가 즉흥적으로 행동하고 독립적인 길을 가는 것을 거부하는 이유는, 자신이 부모의 행동제약을 직접 경험하였기 때문이다. 이처럼 자신을 보호하면서 살아가는 부모에게 아이는 위협적인 존재가 되어서 안 되므로, 그들은 아이에게 부모와 똑같은 생각과 태도를 취하라고 요구하게 되는 것이다.

이렇게 되면 아이는 자신의 자연적인 욕구와 부모의 구속 사이에서 틈을 발견하게 된다. 그리고 소외감과 장애를 갖고 성장하게 된다. 아이에게는 자신의 욕구를 받아들이고, 자신의 반응을 진지하게 수용하며, 감정표현을 이해하고 이를 인정해주는 부모가 필요한 것이다. 이러한 조건이 갖추어졌을 때 아이는 자신의 본성대로 살 수 있고, 한계와 장애를 고려하여 가능성과 성격에 맞춰 살 수 있다. 이렇게 해야만 아이는 자신의 가능성에 따라 세상을 살 수 있고, 적절하게 반응하고 영향받으며, 적응하는 법을 배울 수 있는 것이다. 이렇게 살아가는 것이야말로 진짜 활기 있게 사는 것이며, 마음껏 감정을 표현하면서 사는 길이다!

하지만 유감스럽게도 현실은 그렇지 못하다. 즉, 부모는 아이를 자신의 기대에 맞추려고 억압하며, 아이의 반응을 무시하고, 신경질적으로 반응하며, 감정표현을 금지하고자 한다. 그래서 아이는 스스로 자아와 접촉하는 능력을 포기하고 대체로 부모가 원하는 바에 맞추어 사는 방법을 배워야 한다.

아이는 자연스러운 반응을 자제하고, 그것을 숨기는 법을 배우게 되며, 가짜 자아로 부모를 안심시키거나 관심을 얻어야만 한다. 아이는 부모의 반응을 기준으로 삼고, 부모의 기대를 감지하여 이를 충족시키면 '올바르게' 행동했다고 믿게 된다. 다시 말해 아이는 자신의 영혼을 팔면 '사랑을 받는다'고 느끼게 되는 것이다.

아이는 부모를 위해 스스로 '매춘' 해야 하며, 자신의 존재는 거짓으로 위장하고, 부모에게 종속되어 그들이 정해준 원칙에 따라 살다가, 마침내는 생동감을 잃어버린다. 그러면 부모는 자신들이 아이에게 얼마나 슬픈 운명의 굴레를 씌워주었는지도 모른 채, 자신들과 비슷하거나 혹은 자신들의 기대에 맞게 살아가는 자식을 보면서 기뻐하는 것이다.

자아로부터 소외된 아이들은 외부에서 제공되는 것에 종속되어 있으며, 무엇보다 잘못된 길로 쉽게 빠져들 수 있다. 왜냐하면 이들은 자아와의 접촉을 포기해버리기 때문이다. 결과적으로 이런 아이들은 자신의 의견을 가신 선선한 성인이 될 수 없나. 즉 이런 아이들은 사신에게 강요된 능력으로 살아가는데, 그리하여 대부분 명예욕이 강하고 이기적이며 교만하다. 또한 어떤 비판도 수용하지 못하고, 변화에 무능하며 올바른 판단력도 가질 수 없다.

많은 아이들이 이처럼 자신의 본성에서 멀어지게 되면, 이것이 개인적인 불행으로만 그치지 않는다는 점을 잊어서 안 된다. 다시 말해, 이들이 바로 정치적인 다수가 되어 사회발전을 결정하는 성인이 된다는 점을 반드시 기억할 필요가 있다.

3

엄마의 마음자세가
아이에게 미치는 영향

어머니가 아이를 원하지 않거나, 아이를 거부하거나, 원치 않는 성별의 아이이거나, 혹은 아이가 어머니를 위해서 존재하는 경우, 이것을 공공연하게 인정하기 쉽지 않지만 우리의 쓰라린 현실임이 분명하다. 훌륭한 어머니라는 자화상에 어긋나지 않고 사회적인 인정을 받기 위해서 모성애 장애는 은폐되어야만 했다. 이렇듯 릴리스 콤플렉스는 사회 전반에서 폭넓은 인정을 받고 있으나, 이 때문에 발생하는 거짓 모성애는 아이들의 불행을 증폭시키고 있다.

거짓 모성애란 무엇인가

거짓 모성애란 어머니가 자신의 아이를 돌보면서, 사랑한다 말하고, 아이 또한 사랑을 느낀다고 어머니는 믿고 있지만, 사실 아이는 전혀 다른 것을 원하고 있는 상태를 말한다. 물론 어머니는 그런 점을 전혀 의식하지 못했거나 알아차리지 못했을 것이다. 즉, 어머니는 아이를 위해 존재하며, 아이를 위해 최선을 다한다고

굳게 믿고 있지만, 사실은 어머니 자신의 욕구를 충족시키려는 의도
가 더 강하다는 뜻이다.

어쩌면 어머니는 어머니로서 인정받기 위해 아이가 필요한지도 모
른다. 어머니가 되는 것은 당연한 일이고, 생물학적인 현상이며, 사
회적인 의무이기도 하기 때문이다. 하지만 어머니에게 스스로 본보
기로 삼을 만한 어머니가 없었기 때문에, 어머니가 되는 것이 어떤
의미이며, 어머니로서 어떻게 역할해야 하는지 모르고 있는 것이다.
그리하여 어머니는 아이를 자신의 소유물로 착각하고, 자신은 아이
에게 생명을 준 사람이므로 충분히 감사와 인정을 받을 만하다고 생
각하게 된다.

이처럼 자기만족에 사로잡혀 있는 어머니 스스로가 사랑을 필요로
하는 까닭에, 그녀는 진정으로 아이에게 사랑을 실천하지 못한다.
이런 경우 대부분의 어머니는 자신의 동경과 불행에 몰두해 있기 십
상이며, 아이 곁에 있어주거나 아이의 욕구를 채워줄 만큼 자유롭지
못하다. 이런 어머니는 주로 자신에게 주어진 의무만 충실히 해나갈
뿐인데, 물론 그녀는 의무를 다하기 위해서 많은 노력과 희생을 바친
다. 그리하여 온갖 좋다는 충고를 모두 귀담아 듣고, 자신과 다른 사
람이 옳다고 주장하는 육아법과 교육방침으로 단단히 무장한 채, 이
를 심사숙고하지 않고 그대로 아이에게 적용한다.

이런 어머니는 자신을 매우 훌륭한 어머니 내지는 대단한 어머니로
생각하기에 주변으로부터 인정을 받아 마땅하다고 여기며, 동시에
자신의 진정한 욕구에 대해서는 전혀 알지 못한다는 점이 불행을 초

85

래한다. 이런 어머니는 자신이 손상된 자존심을 보상하는 속죄양으로 아이를 필요로 한다는 점을 깨닫지 못하고 있다. 그녀가 진정 원하는 것은 무의식에 숨어 있어서, 의식적으로 하는 행동을 스스로 정확하게 평가하지 못하며, '모성부재'의 사회적 환경도 그녀의 태도를 과대평가하고 있다.

어머니가 가사일, 육아, 직장생활까지 병행하는 이중고·삼중고에 허덕이고 있는 모습이 너무 확연하므로, 보는 입장에 따라 어머니라는 존재가 영웅으로 보이기도 하고 희생물로 보이기도 한다. 현실이 이런 형편이니 어머니의 무의식에 숨어 있는 의도는 당연히 알아볼 수 없는 것이다. 감히 누가 가족을 위해 이토록 노력하고 그로 인해 파김치가 된 어머니를 두고, 거짓 모성애를 실천한다며 비난할 수 있겠는가?

아이는 어머니에게 일감을 주고, 의미를 주며, 걱정거리를 잊게 해주고, 끊임없이 그녀를 필요로 함으로써, 어머니가 자신의 문제를 회피하는데 도움이 된다. 이때 아이는 어머니가 무의식적으로 내리는 임무를 수행하고 있는 것이다. 한편 누구보다 자신에게 몰두해 있는 어머니는 진정으로 아이와 접촉하는 것을 거부한다. 즉, 아이는 실제로 어머니의 눈길과 마주치지 못하며, 어머니의 모습을 거울처럼 반영하지 못하고, 혹은 어머니가 자신도 모르는 사이에 짓는 슬픈 표정을 이해해야 할 때도 있다.

어머니가 움직일 때 혹은 아이와 접촉할 때 어쩔 수 없이 자신의 공포나 실망감, 욕구와 동경 등을 전달하게 된다. 의식적으로 그렇게 하지 않으려고 해도 아무 소용이 없다. 어머니의 상태가 무의식적으로 전해지기 때문에, 어머니가 애써 보여주는 애정과 만족은 오히려 아이에게 혼란을 불러일으킬 따름이다. 이때 아이는 서로 상반된 두 가지 메시지를 어머니에게 받게 되는데, 말로는 애정의 표현을 받지만 행동이나 제스처로는 거절을 당하는 것이다.

　이렇듯 아이는 어머니가 처해 있는 환경, 기분, 심리적인 상태로부터 절대로 벗어날 수 없다. 아이는 어머니에게 '전염되어서' 점차 그녀를 닮아가게 된다. 어머니가 슬퍼하거나 두려움에 가득 차 있으면 아이 역시 그렇게 된다. 이로부터 시간이 지나면 — 아이가 아직 말을 하기 전이다 — 아이는 어머니에게 고통을 안겨준 사람이 바로 자신이라고 느끼게 된다. 그리하여 아이는 장애가 있는 어머니를 자신에게 받아들인 후 계속 이 장애를 안고 살아간다.

　혹은 아이가 점점 죄책감을 느껴서 평생 동안 세상에 있는 모든 불행한 어머니들에게 약간이나마 기쁨을 주려고 노력할 수도 있다. 이는 얼마나 많은 사람들이 남을 돕는 힘든 직업을 선택해서 어머니와의 관계를 지속시키려고 노력하는지 보면 잘 알 수 있다. 이를테면, 이들은 무의식적으로 자신의 의뢰인과 환자를 자신에게 종속시켜놓고, 자신이 어머니에게 배워야만 했던 것을 의뢰인과 환자에게 계속 적용하는 것이다.

　고통스러워하는 사람들을 도와주는 이유는, 힘들게 노력해서 성공함으로써 어머니로부터 인정받으려는 시도라고 할 수 있다. 얼마나 많은 남자들이 아내에게 기쁨과 편의를 제공하기 위해 쉬지 않고 일하다가 기력을 잃고 마는지 모른다. 설상가상 그들은 이런 노력이 이미 지나가버린 어머니의 사랑에 대한 그리움 때문이라는 사실조차 모른다. 그리하여 수많은 사람들이 채워지지 않은 어머니에 대한 욕구 때문에 평생 '햇빛' '조력자' '구출자' '기사' '왕자' 등으로 살아가는 것이다.

거짓 모성애는 아이의 인생, 생동감, 개성을 위협하고, 아이에게 부담을 주며 이것저것 제한하지만, 마치 그런 행동이 아이를 사랑하고 배려하는 것이며, 삶에의 적응을 위해서 반드시 필요한 것처럼 아이에게 전달된다.

거짓 모성애는 아이에게 이렇게 가르친다.

* 내가 없으면 너는 아무 것도 아니야.
* 너에게는 내가 필요해.
* 너는 나에게 걱정거리를 안겨주지.
* 너 때문에 분통이 터져.
* 너는 나를 정말 행복하게 해준단다.
* 너는 나의 모든 것이야.
* 네가 없었다면, 나는 벌써 네 아빠를 떠났어.
* 너 때문에 나는 새로운 남자를 만나지 않아.
* 너를 위하여 나는 직장을 포기했어.
* 너 때문에 나는 자살하지 않았어.
* 너로 인해 나는 거의 죽을 뻔했어.

🍁 만일 네가 이런저런 일을 한다면, 나는 네가 죽은 것으로 생각할 거야.

가짜 모성애에 사로잡힌 어머니는 자신의 심리적인 불행 때문에 아이를 난폭하게 다룬다. 이때 독립적이지 못한 아이는 어머니의 욕구와 목적을 위해 봉사하기에 알맞다. 이렇게 되면 아이는 점점 부담을 느끼고, 자신에게 무슨 일이 일어나는지 이해하지도 못한 채 과도한 요구를 받게 된다.

그리하여 아이는 반항적이 될 수 있고, 구역질을 할 수 있으며, 어머니가 자신에게 뽀뽀를 하거나 만지지도 못하게 할 수 있다. 만일 어머니가 입술에 뽀뽀를 해주면 아이는 몰래 입술을 닦아버리곤 한다. 아이는 어머니와 거리를 두려고 하며, 그녀에게 영향받지 않으려 한다. 이와 동시에 어머니와 친밀해지고 싶은 바람과 어머니에게 사랑받고 싶은 욕구는 좌절당한다. 이때 어머니는 공공연하게, 혹은 슬며시 이런 비난을 한다.

🍁 엄마에게 이런 식으로 행동하면 안 되지.
🍁 나를 혼자 내버려두면 안 돼.
🍁 그러면 나는 슬퍼할 거야.
🍁 그렇게 하라고 나는 너에게 시킨 적 없어.
🍁 너는 그렇게 못할걸.
🍁 조심해, 그것은 정말 위험해.

이런 어머니의 비난은 아이가 곰곰이 생각해보고 다시 그녀에게 돌아오도록 재빨리 최후의 조처를 취한 행동이다.

이렇게 자란 아이가 어른이 되면, 다음의 특성을 보인다.

- 어떤 여행을 가더라도 매우 두려워하고,
- 배우자를 멀리하기 위해 싸우게 되며,
- 집에 좀더 일찍 들어가기를 원할 때가 많고,
- 양심의 가책을 느끼지 않고는 독자적인 결정을 내릴 수 없고,
- 새로운 과제나 잘 모르는 상황에 처할 때마다 확신이 없어서 주저하고,
- 자신을 거의 신뢰하지 못하며,
- 낯선 체험을 하더라도 즐기지 못하고, 심지어 아주 평범한 야유회나 드라이브에서도 온갖 위험한 상황을 상상할 수 있다.

아이가 삶을 힘들게 생각하고 점차 녹초가 되어 지쳐버리거나, 아이가 모든 일에 주저하는 태도를 보이는 것은, 어머니가 아이를 그렇게 양육했기 때문에 생긴 결과라고 보면 틀림없다. 어머니가 행사하는 미묘한 영향력을 쉽게 설명하기 위하여, 흔히 사람들에게 들을 수 있는 어머니와의 관계를 예로 들어보겠다. 이 예문을 읽어보면, 우리는 알지 못하는 사이에 평생 어머니의 영향에서 벗어나지 못하는 운명임을 알 수 있다.

🍁 어머니는 나를 포옹하면서 항상 무언가를 요구했어.

🍁 어머니가 나에 대해 모든 것을 알려고 하거나 내 경험에 끼어들려고 할 때마다, 나는 흡혈귀가 내 몸속의 피를 모두 빨아버리는 듯한 느낌이 들었어.

🍁 어머니는 나를 따뜻하게 안아주는 대신, 내 침대 머리맡에 뜨거운 물병을 갖다놓았지(부족한 사랑을 은폐하기 위한 배려!).

🍁 집에는 항상 달콤한 과자가 많았고, 나는 언제든 그것을 마음껏 먹을 수 있었어.

🍁 어머니는 나 때문에 부끄러워했어. 내가 무슨 일을 하더라도 그녀는 항상 난처해 했지("너를 데리고 어디를 간단 말이냐!").

🍁 어머니는 말했어. "너도 늙을 거야, 그리고 우리처럼 병에 걸릴걸."

🍁 어머니는 말했어. "그 일은 분명 잘 안 될거야! 너는 절대로 그 일을 해내지 못해!"

🍁 어머니는 하루 종일 나에게 한마디도 하지 않았지(억지로 나의 관심을 끌어서, 내가 다시 그녀에게 접근하도록 하기 위해서).

🍁 어머니는 입버릇처럼 말했지. "나는 언제나 너를 돌보고 있어, 그리고 사랑한단다!" 하지만 나는 그렇게 느끼지 못했어!

🍁 내가 울면 '암탉'이 왔고, 그러면 나는 도망을 쳤지! 어머니는 나의 모든 감정을 빼앗아버렸어.

🍁 내가 넘어질 때마다 사탕을 하나씩 받았는데, 물론 울면 안

되었지. 어머니는 넘어지는 일이란 그리 대단한 것이 아니라고 꼬이기 위해 나에게 사탕을 준 거야.

이런 종류의 예문이라면 끝없이 나열할 수 있다. 이 글을 읽어보면, 삶에 대한 어머니의 손상된 시각이 아이에게 어떻게 전해지는지 분명하게 알 수 있으며, 그것이 얼마나 불행한 결과를 가져오는지 드러난다. 즉, 아이는 어머니에게 강요받은 세계관, 혹은 그녀의 상처받은 경험을 이어받아야 하며, 그녀가 갔던 길을 그대로 따라야 하고, 원하든 원하지 않든 어머니에게 봉사하거나, 어머니로부터 자신을 방어하기 위해 끊임없이 노력해야 한다. 어머니가 다른 곳에 살고 있거나, 심지어 이 세상에 없는 사람일지라도 말이다.

만일 어머니가 아이에게 그만의 개성이 있다는 점을 인정하고 지지하지 않는다면, 어머니는 자신의 성장조건, 삶의 조건, 성격구조, 인격장애 등을 통해 자식에게 해를 입히게 된다. 그러므로 어머니 스스로 변해야 하며, 현재 자신의 삶을 되짚어보고, 자신의 한계와 약점, 빗나간 예측을 인지하고 받아들이는 법을 배워야 한다. 그리고 그녀가 살아가면서 얻게 된 경험과 입장이 반드시 유익하고 적합한 것이 아니라는 사실을 아이에게 말해줄 수 있어야 한다.

에발트는 1년쯤 뒤에 어슬렁거리며 치료를 받으러 나타나서는 이렇게 소리 질렀다.

"빌어먹을! 사랑하는 어머니라니!"

그는 상당히 노력한 끝에 어머니에 대한 죄책감에서 벗어날 수 있었다. 그는 항상 어머니의 마음이 편안한지 어떤지에 대해 책임감을 느꼈다. 그가 어머니 곁에 있거나, 자신에 관한 모든 것을 어머니에게 얘기하고, 어머니가 자신을 보살필 때, 어머니는 평안함을 느꼈다. 결국 그는 혼자서 아무 것도 할 수 없으며, 자신을 신뢰하지 않았고, 자신에게 주어지는 의무와 과제를 소홀히 함으로써, 나쁜 평판을 듣는 어른으로 성장해버렸다. 그럴 때마다 그는 '나는 뭐든지 잘하지 못해!' 라고 느꼈다.

그러다가 한 여자를 사귀게 되었는데, 그녀는 결코 그를 놓아주지 않았으며, 기대감과 비난을 섞어가며 그를 심하게 다루었다. 마침내 그는 사랑에 실패하고 우울증에 걸림으로써 그녀에게 복수를 했다.

그는 치료를 받으면서, 그동안 어머니가 자신의 사랑을 일종의 방어막처럼 사용했다는 사실을 알게 되었다. 다시 말해, 아이를 싫어하는 어머니의 성향을 은폐하기 위해서, 그로 인해 아들이 표출하는 실망감과 분노를 가라앉히기 위해서, 그녀는 사랑을 이용했던 것이다. 어머니가 그런 방식으로 사랑을 이용했기에 아들은 힘을 빼앗기고 말았다.

비록 어머니는 삶을 중개해주는 사람이자 삶으로 들어가는 문이지만, 자식의 삶을 만들어주지는 못한다. 자신이 원했던 것만큼 세상에서 의미 있는 존재가 되지 못해 괴로워하는 여자에게 임신과 모성 그리고 출산의 신비는 상당히 매혹적으로 보일 수 있다. 즉, 이런 여자가 어머니가 되면 자신이 마치 누군가에게 생명을 선물한 주인공인 양 행세할 것이고, 아이의 인생을 자신의 안정을 위해서 마음대로 이용하려고 들 것이다.

아이의 인생을 살리느냐 아니면 죽이느냐의 문제는, 어머니의 내면 깊숙한 곳에 들어 있는 의도에 달려 있다. 즉, 아이에게 얼마나 도움이 되고 싶은지, 또 될 수 있는지, 혹은 아이를 얼마나 원하는지에 달려 있다.

사랑은 자유롭게 놓아주는 것이다. 사랑이란 다른 사람이 행복하도록 배려하고 걱정하는 것이지, 어떤 사람을 이롭게 하는 것이 아니다. 많은 사람들이 자신에게 잘해주는 사람을 발견하면 사랑에 빠지거나, 그 사람이 자신을 사랑한다고 믿는다. 그러나 이들은 그 남자 혹은 그 여자로부터 애정과 관심을 받기 때문에 상대가 자신을 사랑하는 것으로 느끼며, 그런 애정과 관심을 통해서 자신에게 부족했던 부분을 충족시키고자 희망할 뿐이다.

이것은 자선을 베푸는 행위와 비슷하다고 볼 수 있다. 사랑하는 마음으로 성금이나 기부금을 제공하더라도, 성금을 받는 사람이 기부자에게 직접 사랑을 받는 것은 아니지 않는가.

사랑하는 능력이 있는 어머니는 아이의 욕구를 인지하고, 이를 채워줄 준비를 하고, 아이에게서 자신과 다른 점을 발견하고, 이를 존중해줄 것이며, 아이가 자신으로부터 독립하려는 성향을 기꺼이 지원해줄 것이다.

사랑하는 능력이 부족한 어머니는 아이를 마음대로 다루어도 되는 자신의 일부분으로 생각할 것이며, 아이의 존재에서 이득을 취하려 하고, 자신의 행불행에 대한 책임이 아이에게 있다고 가르치려 할 것이다. 또한 아이가 자신을 떠나지 못하도록 하고, 어머니가 원하는 대로 살아가는 아이만 인정하려 할 것이다.

이런 어머니와 살았던 자식들은 훗날 자기분석을 통해서, 어머니에게 영향을 받아 평생 자신에게 짐이 되었던 어미니의 입장을 발견하게 된다. 가령 "나를 위해 그렇게 해다오. 그렇지 않으면 나는 너를 죽은 자식으로 생각할 거야!" "제발 나처럼 되어다오, 그렇지 않으면 나는 너를 인정할 수 없어!" "내 옆에 있어주렴, 나를 떠나면 너는 분명 불행해질 거야!"

활력과 생기가 넘치는 아이는 생동적이지 못한 어머니에게 위협이 된다. 아이의 자유는 부자유라는 쇠창살로 만들어진 어머니의 우리를 뒤흔든다. 따라서 어머니는 소외감을 느끼지 않도록 아이의 생기와 자유를 제한하고 감독해야 한다. 어머니는 자신의 채워지지 않은 부족함 때문에 아이에게 드라큐라처럼 행동한다.

좌절, 고뇌, 불행, 이해하지 못하고 극복하지 못한 과거로 인해 생긴 심리적인 고통 등은 바로 어머니가 아이에게 안겨주는 부담이자 살아 있는 아이를 질식하게 만드는 요소인 것이다.

이 말을 쓰고 보니 기억나는 사람이 있다. 크리스티네는 자살을 시도한 뒤 다음의 사실을 알게 되었다. 즉, 그녀의 어머니는 크리스티네보다 2년 먼저 죽은 채로 세상에 태어난 아이에게만 관심을 가졌던 것이다.

크리스티네는 이렇게 말을 끝맺었다.

"죽은 아이만 애틋한 아이죠."

그녀는 어머니의 관심을 끌기 위해 자신을 죽이고, 살아 있지 않은 것처럼 행동하고, 삶으로부터 멀찌감치 떨어져서 인간적인 접촉조차 피했다. 사산한 아이는 어머니의 삶을 근본적으로 바꿔놓았고, 어머니는 계속 슬픔에 빠져 세상으로 나오지 않았다. 어쩌면 어머니는 이런 불행을 당하자 과거에 겪었던 위협을 또다시 느꼈는지 모른다. 어쨌거나 어머니는 사산한 자식에 대하여 심리적으로 정리되지 않았고, 그래서 살아 있는 딸에게 계속 그 상처를 물려준 것이었다.

크리스티네는 치료받는 과정에서 승낙받지 못하고 전례가 없다는 뜻으로 파렴치한이라는 낱말을 자주 사용했는데, 신기하게도 이 낱말은 그녀를 치료하는 효과가 있었다. 어머니가 자신의 삶에 미친 치명적인 영향을 파악하고, 그 때문에 자신이 자살을 시도했다는 사실을 이해한 다음, 그녀는 세상을 향해 수백번쯤 파렴치한이라고 소리를 질렀다. 그리고 자신의 내면 깊숙이 들어 있던 불행을 나에게 털어놓았다.

어린 시절에 충분한 사랑과 인정을 받지 못했던 어머니가 아이를 낳고, 이제 그 아이의 욕구를 채워주어야 한다면, 이전에 겪었던 결핍이 되살아나서, 그것이 무의식적으로 아이에게 전달된다는 사실을 이제 잘 이해할 수 있을 것이다. 이런 아이는 어머니로부터 보살핌을 잘 받지 못하는데, 어머니가 우울증으로 인해 아이에게 관심을 갖지 않거나, 가슴에 질병이 생겨서 젖을 주지 못하거나, 다른 자식이 아파서 그를 돌봐야 하거나, 불행한 결혼생활 등으로 아이를 잘 보살피지 못하기 때문이다.

이럴 경우 많은 어머니들은 완벽한 어머니가 되고 싶은 욕망 때문에 아이에게 전적으로 희생한다. 이로써 자신의 심리적인 상처를 과

잉으로 보상할 수도 있다. 이들은 자신이 받아보지 못했던 것을 아이에게 주고자 한다. 이런 어머니가 한순간 존경받을지는 모르지만, 계속하여 그렇게 할 수는 없는 일이다. 바꾸어 말해, 어머니 자신의 결핍을 충족시켜줄 어떤 것이 제공되지 않는다면, 어머니가 계속 희생만 하지는 않을 것이라는 뜻이다. 자식에게 감사받고 싶어한다든지, 배우자에게 특별한 애정을 원하든지, 아니면 사회의 더 많은 보답을 기대하든지, 혹은 어머니를 숭배하는 이데올로기(어머니 날!)에 빠져들 수도 있다.

어머니가 아무런 기대나 대가를 바라지 않고, 오로지 아이에게 베푸는 것은 자신의 결핍을 고통스럽게 느낄 수 있어야 가능하다. 다시 말해, 자신의 운명에 대한 분노, 고통, 비애를 실제로 접하게 되면, 부모뿐만 아니라 우리 모두에게 주어진 능력, 즉 사랑할 수 있는 능력을 무한히 발휘하는 원점으로 돌아갈 수 있다.

모성애 중독이란 무엇인가

모성애 중독은 우리 시대의 유행병이다. 듣기만 해도 끔찍한 이 말이, 어느 날 내가 치료하고 있던 상담실의 칠판에 떡하니 씌어 있었다. 모성애 중독이라는 표현은 자신의 삶에 피해를 입힌 어머니의 영향력을 헤아릴 수조차 없어, 그저 무시무시한 중독으로 인지하게 된다는 뜻이다.

현대사회에서 놀라운 속도로 증가하고 있는 영양상의 장애(비만,

체중감소, 거식증 등)를 정신과 분야에서는 모성애 중독이라는 개념을 사용해서 상징적으로 설명한다. 이러한 상징적 설명이 듣기에는 거북스럽지만, 음식과 관련해서 어떻게 문제가 발생하는지 이해할 수 있게 해준다.

특히 거식증의 경우, 모성애 중독이란 아이의 음식물에 넣어주는 '독'을 말한다. 이는 아주 유용한 은유로써, 음식을 먹고 난 다음 아이가 일으키는 구토 뒤에 숨어 있는 깊은 뜻을 설명해준다. 즉, 구토란 '독이 들어 있고' '맛이 없는' 음식물로부터 자신을 보호하려는 자연적인 반응이다.

게다가 우리는 '음식물'이니 '영양공급'이니 하는 말을 좀더 다른 뜻으로 해석할 필요가 있는데, 즉 아이는 심리적으로나 사회적으로 영양을 공급받기 원하며, 이때 아이는 갓난아이 시절 어머니의 젖가슴에 매달려 있듯이 어머니의 애정에 매달려 있다. 만일 어머니가 젖을 주면서 아이에게 부담스러운 자신의 욕구를 전달하게 되면, 그녀는 모유로써 갓난아이를 '중독시키고 있는' 것이다.

어머니가 모유를 주지 않으려고 하거나, 그렇게 할 수 없어서 일찍부터 인공영양식인 분유를 아이에게 주면, 대부분의 갓난아이는 구토나 그밖의 장애를 통하여 이에 반응한다. 그런 음식물이 갓난아이의 음식물로 부적합하기 때문이 아니라, 갓난아이에게 필요한 어머니와의 일체감을 주지 않기 때문이다.

따라서 갓난아이의 구토나 설사는 너무 일찍부터 어머니를 대신하려는 대용품에 대항하여 아이가 벌이는 보이콧이거나, 혹은 아기가 받아들일 수 없는 부당한 기대(모유보다 분유나 이유식을 먹어주기 기대하는)에 대한 항의이다.

심리치료를 하다 보니, 이렇듯 일찍부터 어머니를 대신하는 대용품을 소비했던 사람들은, 성장한 후 입에 의한 대리만족을 얻으려는 성향(게걸스럽게 먹기, 폭음, 흡연)을 보여주었다. 마치 기호품을 통해서 기초적인 결핍을 보완할 수 있는 것처럼 말이다. 이 같은 착각이 사람들을 쉽게 중독되도록 만든다. 그렇게 달콤하고, 살지게 하며, 취하게 만드는 제품에서 어머니의 흔적을 찾을 수 없지만, 가슴아픈 진실을 숨기기 위해서 더욱더 그것에 매달리고 싶은 허상만 존재할 뿐이다.

독일이 통일된 뒤, 구동독 지역에서 식사 후 바로 토해버리는 습관을 갖게 된 사람들이 엄청 늘어나게 된 것도 놀랄 일이 아니다. 순진한 서독 사람들은, 통일 후 구동독의 식생활이 풍성해져서 그렇게 되었다고 믿지만, 사실은 절대 그렇지 않다.

통일이 되기 전에도 구동독에는 먹을 것이 충분했다. 그러나 서구적인 삶의 형태는 너무 유혹적이어서, 물질을 소유하고 재산을 갖고 새로운 체제에 융화되면, 어린 시절의 모성애 결핍쯤은 보상받을 수 있을 것처럼 믿게 만들었다.

하지만 이런 기대가 무너지자 거식증에 걸린 구동독 사람들은 서독에서 제공하는 온갖 제품들, 즉 알록달록하고 멋지게 포장해서 판매하는 물건들을 '어머니의 독'으로 받아들여 구토하기 시작했다. 엄청나게 풍부한 제품들은 모성애 결핍을 느끼지 않게 하고, 거짓된 암시를 게걸스럽게 삼키도록 만들기에 적합했던 것이다.

　　여기서 나는 요헨을 생각하지 않을 수 없다. 그는 자신을 매우 억압하는 어머니 밑에서 자라났다. 끊임없이 잔소리를 해대고 불만을 토로하는 어머니를 보면서 그는 죄책감을 느꼈고, 때문에 금방이라도 폭발할 것 같은 심정을 제어할 수 있었다.

　　어머니에게 충분히 구박받고 살았던 그는 억압된 동독에서 별다른 충돌 없이 얌전하게 잘살 수 있었다. 동독사회의 억압적이고 폐쇄적인 구조는 마음에 병이 있는 사람이 살기에 적합했고, 어차피 오래 전부터 속박을 당해왔던 사람들에게는 오히려 자애로운 감옥이기도 했다.

　　그가 위기를 맞이한 것은 통일이 되고 시장경제가 지배하는 사회에 살게 되면서부터였다. 자신을 시장에 내놓는 법을 배우고, 다른 사람과 경쟁하고, 공격적으로 자신을 주장하는 법을 배워야 했을 때, 요헨은 모성애 중독에 직면하게 되었다. 다시 말해, 모성애 중독이란 요헨이 느끼는 심리적인 압박의 형태로, 거기에는 죄책감도 포함되어 있었다.

　　그는 두려움을 마비시키고 압박감으로부터 해방되기 위해 술을 마시기 시작했다. 그러나 술을 너무 많이 마신 나머지 혼절한 상태로 병원에 실려온 그는, 몇 주 후 다양한 의료기술 덕분에 겨우 목숨은 건지게 되었다. 즉, 여러 개의 고무 호스가 그의 생명을 유지시켜주었던 것이다.

　　그는 모성애 중독("내가 불행하게 된 것은 모두 네 탓이야!")에서 자유롭게 되자 차라리 죽고 싶었다. 그는 알코올을 통해서 자신의 운명을 상징적으로 재현할 수 있을 뿐이었다.

　　그는 이제 상이군인이자 당뇨병 환자로 살고 있다. 소박하지만 다시 누구에겐가 종속되어 살아야 한다. 바꾸어 말하면, 당뇨병으로 인해 엄격하게 정해진 일과표와 식단을 따라야 하고, 다시 어머니에게 의지할 수밖에 없게 된 것이다. 어머니는 다시금 이들을 자신의 손아귀에 넣었다. 음식은 그녀의 삶에서 가장 중요한 위치를 차지하게 되었고, 갈증을 해소시켜 주는 샘물이 되었다. 요리사였던 그녀는 자신의 채워지지 않은 그리움을 담아 요리했고, 만일 아들이 이 음식을 먹지 않으면 심각하게 상처받았다. 이렇듯 어머니의 음식은 독으로 양념되어 있었던 것이다.

모성애 중독의 뿌리는 예외 없이 어머니가 기본적으로 아이에게 어떤 입장을 취하느냐에 달려 있다. 어머니는 아이를 위해서 존재하는 것인가, 아니면 아이가 어머니에게 봉사해야 하는 것인가? 어머니는 정말 아이를 사랑하는가(그녀에게 정말 사랑하는 능력이 있는가), 어머니가 아이의 사랑을 필요로 하는가? 어머니는 아이를 위해 희생하는가, 아니면 어머니는 자신에게 부족했던 결핍을 보상받기 위해 아이를 희생시키는가?

어머니의 희생이라는 표현에는 그렇게 영웅적인 의미가 들어 있지 않다. 치료를 하면서 알게 된 사실은, 어머니가 아이를 위해 존재해야 한다는 것은 어머니로서 누릴 수 있는 즐거움이라는 점이다. 그러므로 어머니는 아이와 더불어 보다 풍요로운 삶을 살 수 있으며, 아이로 인해 지나친 고통이나 상실을 경험하지는 않는다고 한다.

필요한 만큼 어머니에게 많은 것을 얻은 아이는 그렇지 않은 아이에 비해 훨씬 수월하게 자립할 수 있다. 반대로 아이에게 희생하는 것을 부담스럽게 생각하는 어머니를 둔 아이는 오히려 어머니로부터 완전히 독립할 수가 없다. 이들은 늘 자신이 어머니로부터 무언가 더 얻을 권리가 있다고 생각하기 때문이다. 이들이 비극적인 삶을 살게 되는 까닭은, 그들의 생각이 틀리지는 않았지만 그 권리는 영원히 채워지지 않기 때문이다.

모성애 중독은 어머니가 아이에게 상반되는 두 가지 메시지를 동시에 보낸 결과이다. 가령 어머니는 아이에게, 한편으로는 "나는 너를 위해서라면 무엇이든 기꺼이 할 거야!"라고 말하며, 다른 한편으로는 "나는 너무 힘이 들어! 나도 너에게 무언가를 받고 싶어!"라고 말하는 것이다.

하지만 아이는 어머니의 문제를 인지하지도 못하고 이해하지도 못한다. 아이는 단지 두려움에 떨면서 자신이 어머니에게 너무 부담이 된다고 믿게 되는 것이다. 그리하여 아이는 자신을 책망하게 되고, 현실을 부인하며, 어떻게 해서든 어머니의 짐을 덜어주기 위해 많은 노력을 하게 될 것이다. 이를 위해 아이가 쏟는 열정과 노력은 인류 역사상 최고의 불가사의라 해도 과장이 아닐 것이다.

어머니는 아이가 있음으로써 다양한 측면에서 부담스럽고, 심지어는 아이를 위협적으로 느낄 때도 있다. 부양의무, 욕구를 만족시켜야 하는 의무, 곁에 있어야 하는 의무는 어머니에게 가장 힘든 요구들이다. 아이가 어떤 상태인지 감정이입을 하고, 슬픔과 고통을 받아들이고, 분노를 참고, 엄청난 삶의 기쁨과 강렬한 즐거움을 긍정적으로 받아들이는 일! 이 모든 것을 할 수 있으려면 원기왕성하고 건강하며 모든 면에서 안정된 어머니가 필요하다.

사실 어머니는 경제적으로 안정되어 있고, 남편과도 문제가 없으며, 친구들에게 많은 도움을 받을 수 있어야 몸과 마음이 안정되며 활기차고 건강할 수 있다. 그러나 이는 현실에서 쉽게 찾아볼 수 없는 이상적인 어머니가 아니겠는가? 하지만 바로 이런 이유 때문에 위의 어머니상이 잘못된 것이 아니다. 그보다는 한 사회가 미래에 선택해야 할 올바른 방향을 제시해준다.

'현재의 어머니들'이 가진 문제는 그들 자신에게 있는 결함 자체가 아니라, 자신들의 한계와 장애, 고난과 어려움을 어떻게 다루느냐에 달려 있다. 어머니들은 자신의 한계와 약점을 솔직하게 얘기하고, 적절한 감정을 통해 표현함으로써 아이가 상처를 받지 않도록 할 수 있을까? 가령 어머니는 이렇게 말할 수 있을까?

"지금은 안돼! 나는 이제 더이상 할 수 없어! 너를 돌봐줄 시간이 없단 말이야! 미안해!"

그리고 어머니는 이에 대한 아이의 반응을 받아들이고 참아낼 수 있을까? 왜냐하면, 아이는 — 만일 아이가 건강한 아이라면 반드시 그렇게 반응할 것이다 — 그와 같은 어머니의 태도에 슬퍼할 것이고, 어머니에 대하여 실망할 것이며, 분명 어머니를 탓할 것이기 때문이다. 얼마 전까지만 해도 어머니에게 그런 대우를 받지 않았으니 아이가 그렇게 반응하는 것도 무리가 아니다.

만일 아이가 '불쌍한 어머니'를 제대로 파악하지 못하고 고려하지 않는다면, 아이는 어머니의 독으로부터 피해를 입지 않고 활발하게 성장할 수 있을 것이다. 하지만 아이는 어머니에게 이런 말을 얼마나 자주 듣게 되는가!

"조용히 해, 제발 저리 가! 날 좀 내버려둬! 방해하지 마! 넌 정말 못 말리는 애야! 넌 왜 이렇게 버릇이 없니? 보면 몰라? 네가 알아서 해!"

이때 어머니는 자신의 진심을 솔직하게 말하지 않는다. 그녀의 진심이란, "난 싫어, 널 돌봐주고 싶지 않아. 네가 울어도 상관없어!" 인 것이다.

만약 어머니가 자신의 상태를(자신에게조차도) 숨기면, 아이에게 이런저런 기대와 요구를 하며 아이를 힘들게 한다. 사실 아이가 이와 같은 위험에서 빠져나오기란 거의 불가능에 가깝다. 그리하여 아이는 병이 들거나, 행동장애를 보여주거나, 자신의 내면 혹은 다른 것에 빠져들 수도 있다. 또한 아이는 어머니의 영향에서 벗어나거나 적어도 영향력을 약화시키기 위해 거부하는 자세를 취할 수도 있는데, 이렇게 하면 오히려 어머니가 한층 더 노력하도록 부채질하는 효과를 가져온다.

아직 많은 것이 부족한 아이는 잘되든 못되든 어머니의 손에 맡겨지고, 그리하여 아이는 자신이 가진 모든 열망과 감각을 지닌 채, 오직 한 사람만 바라보게 되는 것이다. 그리고 어떻게 어머니에게 자신의 욕구를 해결해달라고 부탁할지 유심히 살핀다.

성장기에 결핍을 경험했던 어머니는, 즉 자신의 정체성과 자존심을 충분히 인정받지 못한 어머니는 무엇을 해야 하고 무엇을 해서는 안 될지에 대해 아이에게 신호를 전달하게 된다.

바꾸어 말하면, 그런 어머니는 어린 시절 고통스러웠던 결핍의 경험을 반복하지 않기 위해, 혹은 자신의 삶을 풍요롭고 밝게 만들기 위해 그런 신호를 아이에게 전달하는 것이다. 그러므로 이상하게 들릴지 모르지만, 아이는 이미 갓난아이 때부터 자신을 낳아준 어머니의 어머니에게 그런 방식으로 잘못 다루어진 것일 수 있다.

아이는 어머니가 안겨주는 책임, 비난, 희망, 기대, 두려움, 바람, 위협 등으로 잔뜩 부담을 안게 된다. 지나치게 많은 요구와 책임을 떠맡은 채 아이는 두려움에 떨고 주눅이 들 것이며, 자신을 부족하고 무책임한 사람으로 느끼게 될 것이다. 아이는 자신이 어머니의 삶, 가령 어머니가 겪는 불행의 원인이 아니라는 사실도 모르고 이해하지도 못한다.

결국 릴리스 콤플렉스 — 장애를 입었거나 억압된 자존심, 성적 쾌락을 느끼지 못하거나, 아이를 원하지 않는다는 사실을 인정하지 않는 성향 — 가 모성애 중독이라는 결론에 이르게 된다. 즉, 어머니가 아이를 악용하고 아이에게 거짓말을 함으로써 어머니와 아이의 관계에 해를 입히는 것이다.

베로니카는 오랫동안 기억을 되살리기 위해 노력한 끝에 어머니의 모습을 되살릴 수 있었다. 그녀의 어머니는 지배적이고, 독선적이며, 늘 신경이 날카로운 상태에서 폭군처럼 구는 여자였다. 그리고 자신이 예상하는 것과 다르게 딸이 행동하면 얼음처럼 차갑게 반응했다.

베로니카는 마음씨 좋고 따뜻한 사람으로 아버지를 기억했지만(아마 그도 어머니로부터 해를 입었던 것 같다), 그 역시 아내에게 예속되어 있었고 굴종적이었다. 그는 모녀가 언쟁을 할 때 딸의 편을 들어주거나 딸을 보호해준 적이 없으며, 대부분 자신의 일터로 도망쳐버리곤 했다.

베로니카는 본인이 놀랄 정도로 어머니와 거의 접촉하지 않았다는 사실을 깨닫게 되었다.

"어머니는 저를 한번도 쳐다보지 않았어요! 제 이름을 모를 때도 많았고, 다른 이름과 혼동하기도 했어요. 어머니는 제가 어떤 상태에 있는지 한번도 이해하지 못하셨죠. 제 말을 듣지 않으셨고, 저를 설득하려고만 하셨어요. 그래서 저의 세계관은 오로지 어머니에 의해서 결정되었습니다. 그러니 저는 실제의 세상이 어떤지 전혀 몰라요."

로스비타는 우울에 빠진 상태로 나에게 왔고, 남편의 자살시도 때문에 절망스러운 고통을 호소했다.

"정말 예상치 못한 일이었어요. 누구도 남편이 왜 그런 일을 했는지 몰라요. 모든 게 잘 돌아갔었는데……. 우리는 그야말로 아무런 문제 없이 잘 살았거든요."

그녀는 모성애 중독이라는 현상에 대해서 아는 게 전혀 없었고, 그리하여 남편이 어떤 상태인지 당연히 알 수가 없었다. 부부는 어머니에 대한 동경과 모성애 중독이라는 것에 대하여 알지도 못하고 느끼지도 못한 채 서로 의지하고 있었다.

그런 점에서 볼 때, 자살이라는 사건은 모성애 중독에 항거하여 해방되고자 하는 남편의 공격적인 시도였으며, 동시에 어머니가 퍼부었던 저주

("그렇게 하지 마! 살아 있지 마! 나를 위해서 제발 살아 있지 마!")를 최종적으로 실현한 사건이었다.

미리암의 어머니는 고통과 불평으로 가족을 괴롭히고 있었다. 고통을 호소함으로써 어머니는 가족의 초점이 되었고, 가족은 그녀가 어떤 상태인지 항상 주의깊게 살펴야 했다. 가족의 모든 움직임은 그녀의 상태에 따라 달라졌지만, 가족 중 누구도 어머니에게 이런 말을 하지 못했다.

"엄마는 우리 신경을 거슬리고 있다고요! 엄마가 원치 않거나 할 수 없는 것은 엄마 문제야. 엄마가 모든 것의 잣대가 될 수는 없어!"

아버지 역시 어머니에게 아무 것도 요구하지 않았고, 아무리 사소한 일이어도 감히 아내의 허락 없이 자신이 원하는 것을 할 수 없었다. 어쩌면 그는 자신의 어머니로부터 받았던 독을 치료하고 이해하는 대신에 아내가 고통의 늪을 헤매도록 방치한 것인지도 모른다.

미리암은 끝내 이렇게 소리 질렀다.

"엄마는 저를 무덤까지 끌고 갔어요. 자신의 삶의 기쁨과 내 삶의 기쁨마저 기만했다고요. 엄마는 끊임없이 고통을 호소하는 방식으로 저를 중독시켰어요."

수잔느는 승마사고로 치료를 받으러 왔는데, 그녀는 이 사고가 우연히 일어난 것이 아니라 무언가 자신의 삶과 맞물려 일어났다고 믿었다. 말에서 떨어지는 순간 그녀는 이렇게 생각했다고 한다.

'너는 이런 일을 당해도 싸! 이런 일이 일어날 수밖에 없지.'

어머니와의 관계를 분석하는 가운데 그녀는, 항상 어머니에게 특별한 존재가 되어야 한다고 생각했던 자신을 깨닫게 되었다. 그렇게 해야만 그녀는 어머니로부터 관심과 인정을 받을 수 있었다.

"저는 항상 어머니의 지도를 받았어요. 가령, 저는 예쁘게 보여야 했고, 어떤 것을 거절해야 할지 항상 깊이 생각해야 했죠."

어머니는 그녀를 발레 학원에 보냈고, 악기를 배우게 했으며, 고상한 스포츠(승마, 보트, 테니스 등)을 잘하도록 훈련시키는가 하면, 학교에서도 항상 1등을 하도록 했다!

처음 몇 주 동안 수잔느는 더이상 특별한 사람이 되고 싶지 않다는 생각으로 몸부림쳤다. 하지만 그녀는 자신이 특별히 다른 성과를 보여주지 않아도, 자신은 이미 특별하고 유일한 존재가 되어 있다는 사실을 깨닫게 되었다.

모성애 중독의 결과　　어머니에게 중독된 사람들은 아무런 죄가 없음에도 불구하고 죄책감을 느낀다. 그리하여 죄가 있는 것처럼 행동함으로써 마침내 죄가 있는 사람이 되는 것이다.

어머니에게 중독된 사람들은 어머니의 악담을 듣고 살다가, 자신을 점차 그 악담에 맞추게 된다.

🍁 아무래도 나는 부족해.

🍁 나는 살 가치가 없어.

🍁 아무도 나를 좋아하지 않아.

🍁 나를 받아들이는 사람은 아무도 없어.

🍁 나는 지저분하고 죄가 많은 사람이야.

이런 식으로 어머니에게 중독된 아이들이 점점 어머니가 옳다고 생각하며 그녀가 원하는 대로 살려고 노력할 때 비극은 일어난다. 이들은 자신이 더럽거나 혹은 무가치한 존재로 보이도록 행동한다. 그 모습을 보고 있노라면 실제로 추하고 혐오스럽기 짝이 없다. 이런 방식으로 그들은 자신이 사랑받을 만한 가치가 없다는 사실을 공식적으로 인정하려는 것이다.

어떤 것에 중독된 사람, 즉 보기만 해도 역겨운 술주정꾼, 끔찍한 냄새를 풍기는 노숙자, 펑크족, 스킨헤드족, 훌리건(불량한 청소년)은 실제로 사람들이 자신을 거부하도록 유도한다. 이들은 어린 시절 이해하지도 못한 채 당했던 무시 혹은 모멸감을 어떻게든 이해하기 위해 그렇게 혐오스러운 차림을 하고 있다.

이렇게 함으로써 자신에게 무시와 모멸감을 안겨준 어머니의 모습은 보호받으며, 진실은 은폐된다. 그렇지 않다면 사람들은 어머니가 틀렸다는 사실을 알아냈을 것이며, 그런 사실을 알게 됨으로써 그들은 아마 더이상 살기가 힘들었을 것이다. 만일 지금이라도 진실이 밝혀진다면, 그들이 과거에 느꼈던 경악의 느낌은 되살아날 것이 분명하다.

『헨젤과 그레텔』이라는 동화를 보면 사악하고 악마 같은 어머니의 모습이 마녀로 상징되어 있다. 이 마녀는 아이들을 유혹하기 위해 그들의 굶주림을 이용한다. 그녀는 아이들을 자기 손안에 넣으려 하고,

풀어주지 않으려 하며, '무엇이든 게걸스럽게 삼키는 모성애'를 가지고 자신의 욕구를 위해 아이들을 삼키려 든다.

동화에서 아이들은, 잘 보살펴주겠다고 유혹하는 — 비록 거짓말일지언정 — 마녀의 집에서 잠시 머물고 싶다는 소망을 얘기하기도 한다. 아이들은 어머니 마녀를 죽여야만 스스로 자유로워질 수 있다. 이보다 더 쉬운 방법이 없는 것이다. 그러므로 마녀를 죽일 수 있는 용기가 필요하며, 그렇게 하지 않으면 자신들의 삶은 마녀가 건 주술에 빠져버린다.

만일 한 사람이 죄책감을 느끼면, 그는 자신이 저질렀다고 믿는 그 실수를 해결하기 위해 노력할 것이다. 이로 인해 그는 자신에게 부담을 주며, 성실하게 봉사하면서 남을 돕겠다는 의지로 일종의 테러리스트가 되고 만다. 자신을 위해 다른 사람을 독점하거나 자유롭게 놓아주지 않는다는 의미에서 테러리스트가 된다는 말이다.

어머니에게 중독된 사람들은 다른 사람과 두터운 관계를 맺기 두려워하는데, 심각할 경우에는 죽음과도 같은 공포심마저 느낀다. 이들은 마음속으로, 만일 타인과 친근한 관계를 맺게 되면 자신들이 다시 '중독' 되는 것은 아닐지 두려워한다. 그와 같은 두려운 환상은 그들이 도저히 발을 뺄 수 없는 '어머니의' 영향력과 욕구들을 중심으로 맴돌고 있으며, 대부분 자신만의 삶을 살 수 없을 정도로 어머니의 영향력과 욕구들은 너무나 힘들고 부담스럽다.

이들은 대부분 다른 사람을 위해 무엇을 해야 할지에만 신경 쓰게 되는데, 이는 자신의 욕구는 무시하고 다른 사람의 욕구만을 감지하는데 익숙해져 있기 때문이다. 이들은 자신에게 가해지는 비판을 사형선고처럼 받아들이고, 사람들의 신경질적이고 불만속스러운 제스처를 보면— 그것이 누구를 향한 것인지 상관없이— 자신을 겨냥한 것이라고 본다.

물론 이들의 마음속 깊은 곳에서 진정으로 친밀한 애정을 열망하지만, 실제로 누군가와 가까워지면 참을 수 없어하고 변덕스럽게 행동한다. 결국 상대방은 실망하여 등을 돌리고, 이렇게 되어 중독 드라마가 완성되는 것이다. 즉, 어머니는 애정에 독을 넣었고, 모성애 중독에 빠진 자식은 결국 그 '독'을 제삼자에게 전해준 것이다. 말하자면, 이 제삼자는 어머니를 대신해 벌을 받은 셈이 된다.

어머니의 독으로 해를 입은 사람들은, 무언가 불길한 일 — 사고, 불행, 질병 등 — 이 일어날 것이며, 이로써 좋은 일은 결코 '독' 없이 가질 수 없다는 점을 상기하게 된다(그들이 잘살고 있을 때에도 항상 이런 생각을 하게 된다).

어머니의 독에서 해를 입은 사람들은 어머니 이데올로기에 희생된 사람들이기도 하다. 이들은 마리아를 숭배하는 무리에 속하며, 어머니 날을 결코 잊지 않고, 여자에 대하여 깍듯이 예의를 갖추는 것을 중요하게 생각한다. 가령, 이들은 여자를 위해 출입문을 활짝 열어서 먼저 들어가게 하며, 시장바구니를 들어주고, 조력자·보호자·서비스맨으로서의 역할을 하지만, 그처럼 상냥하게 구는 순간 자신이 여자들에 대하여 얼마나 많은 무시와 경멸을 참고 있는지 감지하지 못한다.

어머니에게 중독된 사람들은 자신이 진정 누구인지 모른다. 이들은 어머니가 정해준 과제에 따라 사는 것이다. 이들은 어머니에게 종속되어 있을 뿐 아니라, 광적으로 어머니 이데올로기를 신봉하기도 한다. 이런 사람들은 비록 실제로는 두렵고 불안하며 억압을 받고 있음에도 불구하고, 마지막 순간까지 '어머니 세계'를 보호하고 용서하며 미화시킬 것이다.

그들의 이러한 중독된 삶은 '진정한' 삶이자 유일한 삶으로 자리잡는다. 그리고 이들은 그런 삶이 가져다줄 해로운 영향에 대해 알고 싶어하지 않는다. 한마디로 이들은 자신의 삶이 아닌, 어머니를 대신하고 보상해주는 삶을 살고 있는 것이다. 세포 하나하나에 이르기까지 그와 같은 삶에 전염되어 있는 이들은 지칠 때까지 노력하고, 죽을 때까지 어머니를 행복하게 만들 수 있다는 희망을 가지고 투쟁한다.

한편으로, 이들은 언제나 경직되어 있고 남의 말에 잘 설득당하지 않는데, 그 이유는 이들이 중독된 상태에 있기 때문이다. 다른 한편으로, 이들은 쉽게 믿는 편이며, 어머니 혹은 그녀와 비슷한 권한을 가진 단체에서 자신이 무언가 인정받을 수 있다는 희망이 엿보이면, 그런 것에 쉽게 유혹당한다.

따라서 이들이야말로 사회에 중독증상을 만들어내는 주범이자 공범인 것이다. 이들은 스스로가 옳다고 생각되면 전쟁터에 나가 사람도 죽일 수 있다. 이렇듯 죄없는 수백만의 사람들이, 자신의 삶과 생동감을 중독시킨 불쌍한 어머니의 눈을 똑바로 쳐다보느니, 차라리 자신의 목숨을 끊는 길을 선택한다.

이런 말들은 황당하고, 터무니없고, 파렴치한 소리로 들릴 것이다. 사실 그렇기도 하다. 하지만 중독된 사람들이 살아가면서 느끼는 경악과 살인적인 증오심을 사회에 노출시켰을 때 비로소 우리는 그와 같은 말들을 진정으로 이해하게 된다. 이처럼 어린 시절에 겪은 위협이 극복되지 못한 채 인간의 내면에 잠복하고 있다가 자기파괴적인 효과를 발생하여, 병이 들거나 혹은 폭력의 형태로 외부에 표출된다는 사실을 우리는 이해해야 한다.

중독상태는 잠재적인 공포와 편집증이 숨어 있는 근원인데, 결국 마음속 깊이 불확실하게 들어 있는 삶의 정당성이 문제로 등장하기 때문이다. 이런 상태야말로 마음의 지옥이고, 설명할 수 없는 내적인 위협을 설명하기 위해 외부의 적을 필요로 하는 상태이다.

모성애 결핍이란 무엇인가

모성애 결핍이란, 공간적 · 시간적 · 인간관계상으로 모성애에 부족함과 결함이 있는 것을 말한다. 이 책은 다음과 같은 경우에 발생하는 사건과 경험을 다룰 것이다.

🍁 죽은 어머니,
🍁 돌봐주는 어머니 혹은 대리모,

❋ 시간적, 공간적으로 부재하는 어머니(직장, 질병, 다른 의무나 과제 등으로 인해),

❋ 결점이 있는 어머니.

어머니라는 존재는 아이가 네 살 정도 될 때까지는 어떤 면에서 보더라도 가장 중요한 사람이다. 그 누구도 어머니를 대신해줄 수 없으며, 아이에게 손상을 입히지 않고 어머니를 대체할 만한 그 어떤 것도 없다.

이처럼 '사회적인 조산아'의 시기는 대략 3년이 지나면 끝난다. 아이의 인격형성에 있어서 매우 중요한 이 시기에 세계경험에 관한 기본적인 능력들이 형성된다. 즉, (최초의) 신뢰 혹은 불신, (최초의) 확신 혹은 의심, (최초의) 자기신뢰 혹은 자기불신, (최초의)자의식 혹은 열등감 같은 것이 그 예가 되겠다.

또한 감각적인 경험 혹은 무감각, 인간관계를 맺는 능력 혹은 인간관계를 맺는 것에 대한 두려움, 현실감각 혹은 불합리에 대한 뿌리도 이 시기에 발달하게 된다.

이렇듯 어머니라는 존재는 아이의 미래를 가장 오랫동안 결정하게 되는 사람이다. 따라서 어머니는 이와 같은 인격형성 시기에 가능하면 아이의 곁을 떠나지 않는 것이 가장 좋으며, 어머니와 떨어져 있고 싶은지 어떤지를 아이가 결정하게 하는 것이 좋다.

물론 나는 어머니가 아이 곁에 있어주는 것에 현실적인 한계가 있다는 사실도 모른 채, 이처럼 최적의 조건만 요구하는 몽상가는 아니다. 그럼에도 불구하고, 어머니가 아이의 곁에 있어준다는 의미는 현실적 한계와 상관없이 언급해야겠다. 왜냐면 온갖 개인적 변명과 비정상적인 사회를 시인하지 않기 위해서이다.

사회적인 조건은 인간본성에 접근해야 하며, 그 반대가 되어서는 곤란하다. 만일 어린 시절에 점차 비정상적으로 변하는 상황에 처한 경험을 한 사람들은, 성인이 되어 사회병리를 증폭시킬 뿐더러 건강한 사회를 만드는데 전혀 기여하지 못한다.

아이가 어머니를 가장 쉽게 차지할 수 있는 방법은 젖을 빠는 것이다. 이로써 아이는 언제라도 어머니의 몸을 차지할 뿐 아니라 감정적으로도 어머니에게 다가갈 수 있다. 이렇게 할 수 있다면 아이에게 그야말로 가장 이상적이다. 하지만 이를 허락할 수 없는 경우도 많은데, 그에 관해서는 9장에서 다루게 될 것이다.

물론 심리적 장애가 있는 어머니보다는 오히려 다른 사람, 가령 유아원의 교사가 아이를 돌보는 것이 더 좋지 않을까라는 문제도 논의해야 할 것이다. 어쨌거나 생모로부터 모성애를 충분히 받지 못한 아이는 심리적인 상처를 피할 수 없다. 생모와 아이는 수많은 끈에 의해 내적으로 연결되어 있다. 즉, 유전자와 타고난 본능, 임신과 출산 등을 통해 어머니와 아이는 서로 긴밀하게 연결되어 있다.

그렇기 때문에 비록 객관적으로 볼 때 다른 사람이 어머니 대신 아이를 돌보는 것이 훨씬 나을 것 같은 상황일지라도, 너무 일찍부터 아이를 어머니에게서 분리시키는 일은 아이에게 심각한 손실을 경험하도록 만든다.

우리는 모성애 결핍을 실제로 어머니가 부재하는 것 이외에 내적인 결핍으로도 이해해야 한다. 따라서 몸은 아이 곁에 있지만 마음이 아이 곁에 없는 어머니들, 즉 아이에게 마음을 줄 수 없거나 주고 싶지 않은 어머니들도 다룰 것이다.

해야 할 일도 많고 지나치게 부담이 많아 스트레스를 받는 어머니는 자신만의 여유를 누릴 기회가 별로 없고, 아이의 체험세계와 욕구세계로 감정을 이입할 인내심도 거의 없다.

어머니는 지쳐 있어서 아이에게 에너지원이 되지 못하고, 아이를 위하기보다 오히려 보호받기를 원한다. 모유는 다른 어머니보다 일찍 고갈되고, 주의력도 부족하고, 인내심도 약해지며, 삶의 여러 재미난 일들도 부담스럽게 다가올 뿐이다. 이때 어머니가 가장 원하는 것은 그녀를 혼자 내버려두는 것이며, 무거운 짐을 내려놓을 수 있도록 도움을 받는 것이다. 그래서 아이가 잠이 들거나, 아이를 다른 곳에 맡기면 어머니는 기뻐하며 마음도 가벼워진다.

한편 이 당시에 겪었던 경험이 아이에게는 평생 고정되어버린다. 즉, '나는 엄마에게 짐이 돼, 나는 엄마를 힘들게 해, 나는 아무 것도 요구해서는 안 돼, 나는 아무런 가치가 없어……'라는 식의 생각이 뿌리를 내리게 되는 것이다. 그리하여 아이는 아무 것도 요구하지 않고, 검소하게 생활하며, 자신을 무시하고 거부하게 되는데, 이런 성향은 훗날 자선적인 행동을 하거나, 남을 도와주는 사람이 되도록 할 수 있다. 물론 이때도 이들은 우울한 성향을 지니고 있으며, 자신의 욕구에 대하여 죄책감을 느끼고, 생동적이지 못하며, 무엇이든 잘 향유하지 못하는 그런 장애를 갖게 된다.

이보다 더 자주 일어나고 더 파괴적인 효과를 나타내는 경우는, 어머니로서의 능력이 부족해서 생긴 모성애 결핍이다. 이는 아이의 곁에 있고, 객관적으로 보더라도 지나친 부담을 지고 있지도 않지만, 본능과 감정이 조화를 잘 이루지 못한 채 살아가는 어머니를 두고 하는 말이다. 이런 어머니들이 아이에게 미칠 수 있는 해로운 영향은 더욱 엄청나다. 왜냐하면 어머니의 결핍이 아이에게 이해되지 않기 때문이다. 어머니는 대부분 아이의 곁에 있고, 시간도 충분히 있으며, 심지어 아이를 돌보기까지 하지만, 아이는 진정으로 어머니에게 닿을 수 없기 때문이다.

한마디로 어머니와 아이는 서로 스쳐지나가듯 살아가고 있다. 어머니는 아이에게 무엇이 필요한지 느끼지 못한다. 그녀는 잘 모르거나 서투르고, 고등교육을 받은 어머니라면 책이나 어떤 코스에 등록하여 충고를 얻는다. 이런 어머니는 좋은 어머니가 되고자 간절히 원할 때가 많고, 그리하여 지적인 해결책을 찾으려고 최선을 다해 노력한다. 하지만 그녀는 정작 아이가 필요로 할 때 느끼지 못하고, 아이에게 몸으로 반응하지 못한다.

이런 어머니는 자신의 내면에 존재하는, 이른바 '내부의 아이'와 분열상태에 있다. 즉, 어머니의 내적인 아이는 이미 심하게 상처를 받았거나 버림받은 아이인 것이다. 어머니는 자신의 슬픈 이야기를 억눌러야 하며, 자신이 낳은 아이와 이 내면의 아이가 느끼는 부족함, 그리고 생명력을 관찰하며 위기에 빠진다. 그녀는 아이를 통해서 자신이 겪었던 경험, 즉 억제와 결핍을 체험했던 고통스러운 경험을 떠올리게 되는 것이다. 세상에서 자신의 아이가 위협당하는 것보다 더 불행한 일이 어디 있으랴!

어머니가 힘들게 마련한 보호장치들, 어머니에게 도움이 될 수 있는 문화적인 방어수단들은 ― 대부분 그녀의 이성, 지성, 업무, 의무, 종교, 도덕 ―자신의 모성애 결핍 혹은 모성애 중독을 잘 조정하기 위한 것들이다. 그런데 만일 이런 장치와 수단들이 위협을 받았을 때 바로 자신의 아이가 그 보호막을 위협하는 적이 된다. 그리하여 어머니와 아이 사이에는 전쟁이 일어나게 되며, 이 전쟁은 아이가 생기 없는 어머니의 희생물이 되거나 어머니가 존재론적 위기에 처하면서 끝이 난다.

어머니가 존재론적 위기에 처한다는 것은, 가령 장기간 우울증을 앓게 되거나, 강박 노이로제에 걸리거나, 아이를 해치거나 죽이고 싶다는 생각을 하거나, 혹은 원인이 베일에 가려진 채 다음과 같은 온갖 심신상관(心身相關) 질환으로 나타날 경우이다.

* 모니카는 자신이 아이를 찔러 죽일까봐 두려워서 가위나 칼을 결코 만질 수 없다.
* 유타는 아이를 안아줄 수 없다. 아이를 안았다가 일부러 떨어뜨리거나 아예 발코니에서 아이를 내던져버릴까봐 두려운 것이다.
* 아그네스는 아이를 낳고 난 뒤 손에 습진이 생겼다. 이때부터 그녀는 아이를 더이상 만지지 못했고, 목욕을 시킬 수 없었으며, 쓰다

들어줄 수도 없었다.

🍁 베로니카는 무심하고 우울한 상태에 빠졌다. 그녀는 아기의 침대를 떠나지 않으려고 했지만, 아이를 돌볼 수가 없었다. 그녀에겐 누군가의 도움이 필요했다.

🍁 카린은 육아과정에 등록했고 육아에 대한 책을 많이 읽었다. 가령, 아이에게 우유를 주는 횟수와 시간, 기저귀를 갈아주는 방법과 시간, 어떤 시기에 어떤 장난감이 좋은지 등을 알기 위해서였다.

🍁 베르벨은 갓난아이가 공갈젖꼭지를 조금이라도 이상하게 물고 있거나 불편한 듯싶어 보이면 이에 즉각적으로 반응했다. 그리하여 아이를 빨리 달래줄 수 있었다.

이밖에도 다른 예들은 엄청나게 많이 있다. 심리에 관련된 충고, 어머니를 위한 충고, 수유계획, 위생교육, 성장계획 등은 자연스러운 모성애가 사라진 곳에서 이를 대신하고 있다. 그리하여 이런저런 이성적인 충고들은 오히려 아이들에게 테러를 가하는 결과가 되었다. 아무리 올바른 충고라 해도 어머니가 진정 원하는 것은 아니며, 일반적인 충고나 지식들도 아이가 진정으로 원하는 대답은 아니기 때문이다.

나는 자신의 욕구에 의해서가 아니라 그와 같은 계획표에 따라 젖을 먹고, 자신의 배설 리듬이 아니라 어머니의 위생관념에 따라 배설을 강요받으면서 자란 불행한 사람들이 흘린 눈물이 바다를 이루고 있는 현실을 보고 있다. 이들은 멋진 성과를 거두어 어머니의 자랑거리가 되어야 했지만, 자신의 욕구로 인해 어머니를 곤혹스럽게 만들었고, 교육지침서의 희생물이 된 사람들이기도 하다.

교육지침서란, 예를 들어 '큰소리로 소리 지르는 것은 폐를 강하게 만든다!' '아이가 지칠 때까지 울고 소리 지르도록 내버려두어라. 그렇지 않으면 버릇이 나빠진다' '남자애는 울지 않아! 울보처럼 굴지 마, 용감해야지! 이를 깨물어, 그렇게 힘들지 않아!' 이런 표현을 비롯해서 아이들을 끔찍하게 세뇌시켰던 수천 가지의 확신에 찬 충고 내지 규정들을 말한다.

이런 식으로 아이들의 영혼을 함부로 다룰 수 있는 사람들은, 다름 아닌 자신들도 비슷한 방식으로 그런 취급을 당했던 사람들이다. 하지만 이들은 자신이 살아남기 위해서 부모들이 저질렀던 사악한 행동을 점점 올바르고 이성적인 육아법으로 수용하고, 마침내 그 방법들을 자신의 아이에게까지 적용한다.

우리 사회에 만연한 이런 방식의 모성애 빈곤이야말로 모성애 결핍 가운데 가장 위험하다. 이는 계몽을 통해서도 극복할 수 없는 문제이다. 나의 이런 생각에 가장 격렬하게 항의하는 사람들은 자신을 보호하겠다는 이유에서, 즉 자신의 상처를 보호할 필요가 있으므로 그렇게 할 것이다.

이들은 견딜 수 없는 자신의 고통에 대해 방어해야 하고, 그런 고통으로부터 이어지는 잘못을 인정해서는 안 된다. 때문에 어린 시절에 받은 마음의 상처들은 광적인 질서의식과 훈육, 적응과 복종, 노력과 성과를 중시하는 사회에서 비정상적인 태도를 수용해버리는 위험에 빠질 수 있다.

어머니로부터 충분한 모성애를 받지 못한 아이들의 운명은, 자신의 잘못으로 인해 모성애 결핍이 생겼고, 자신의 실수와 단점 때문에 사랑받지 못한다고 믿게 됨으로써 비극이 되고 만다. 아이는 자신의 어머니에게 결함이 있다거나, 혹은 어머니가 아이를 사악하고 파괴적으로 다룰 수 있다는 것을 상상조차 하지 못한다. 만일 아이가 그런 사실을 안다면 아이는 죽을 수도 있을 것이다.

모성애 결핍의 결과　어머니란 우리가 존재할 이유를 주고, 받아들이고, 인정해주고, 우리를 보호하고, 먹을 것을 주고, 보살펴주는 사람이다.

모성애 빈곤은 그 종류가 무엇이든, 가령 어머니가 아이의 곁에 잘 있지 않았든, 감정을 조금밖에 표현하지 않았든지 간에, 어린 시절에 대한 아이의 경험을 양적으로는 불충분하고 질적으로는 결함이 있는 것으로 만든다.

어머니를 조금밖에 차지하지 못한 아이는 가난한 아이가 되어버린다. 영양실조는 사람을 병들게 하고, 부족한 사랑은 미치게 만들며, 문제 있는 인간관계는 고통스럽게 한다. 이는 신체상에서, 사람의 마음에서, 그리고 사회라는 차원에서 일어난다.

우리의 신체는 음식물을 필요로 하고, 마음은 사랑을 필요로 하며, 사람들은 서로 접촉하는 것이 필요하다. 이 가운데 무언가 부족해서 생기는 결함은 나중에 다시 보충할 수 없다. 만일 내가 어제 먹지 못해서 오늘 배가 터지게 음식을 먹는다 해도, 어제 굶주린 고통이 없던 일로 되지는 않는다. 게다가 오늘 지나치게 과식을 해서 건강상의 문제나 구토를 일으킬 수도 있다.

물론 결핍으로 인해 발생하는 고통을 기꺼이 겪겠다고 나서는 사람은 거의 없다. 또 그렇게 할 시간과 공간이 없을 뿐더러, 고통을 참고 견뎌야 한다는 점을 받아들이는 분위기도 드물다. 때문에 그 고통을 잊기 위해 다른 곳으로 신경을 돌리거나 대리만족할 대상을 찾게 되더라도, 결핍으로 인해 생긴 마음의 상처를 치료하지 못한다. 이렇듯 모성애 빈곤은 중독을 일으키는 중요한 원인이다.

자신의 결핍을 다른 것으로 대신 충족시켜주어야 하는데, 실제로 욕구는 충족되지 않는다. 그리하여 마음을 안정시키는 효과나 혹은 환각효과를 얻기 위해서 대용품의 용량을 계속 늘려간다. 결국 사람들은 더이상 금단현상과 위기를 겪지 않기 위해 그 대용품들을 끊을 수 없게 된다. 다시 말해 마약이 사람을 중독시키는 것이 아니라, 결핍된 사람이 고통스런 결핍의 경험을 잊고 자신에게 부족한 것을 더이상 느끼지 않기 위한 수단으로 이를 사용하는 것이다.

몸과 마음은 한 가지 종류와 형태의 마취에 쉽게 익숙해지기 때문에, 대용품이나 마약이 효과를 내려면 계속 투입량을 늘려야 한다. 사람은 모든 것에 중독될 수 있다. 충족되지 않은 채 남아 있는 기본적 욕구가 쉽게 중독되도록 만든다. 예를 들어보자.

🍁 음식은 게걸스럽게 마구 삼키는 대상이 되고,

- ✿ 술은 습관성 폭음이 되고,
- ✿ 성생활은 문란한 성관계로 치닫고,
- ✿ 능력 있는 사람이 되려다가 일에 숭독되고,
- ✿ 창조적인 일을 추구하다가 성과 올리기에 중독되고,
- ✿ 호기심이 향락중독이 되고,
- ✿ 필요한 소비가 소비중독증이 되고,
- ✿ 오락이 게임중독이 되고,
- ✿ 발전을 목표로 삼다가 성공에 중독되고,
- ✿ 부를 쌓고 안전하게 살려던 것이 탐욕스럽게 이윤을 추구하게 되고,
- ✿ 사랑이 돈으로 변하는 것이다.

　존재의 나약함은 소유의 힘으로 보상해야 하고, 결핍의 고통은 풍부한 내용물과 다양함으로 질식시켜야 한다. 사랑에 굶주린 사람은 인정을 받고 성공하려 한다. 하지만 무대에서 내려오고, 무대를 비춰주던 조명과 박수갈채가 모두 사라지고 나면, 그들은 어린 시절처럼 혼자 내버려진 채 다시 고통스러워할 것이다.

　어머니로부터 충분히 인정을 받지 못한 사람들은 명성, 권력, 부를 통해서 그 부족함을 메우고 싶어한다. 어머니를 삶의 근원으로 체험하고, 이런 노력이 헛되지 않다는 확신을 얻기 위해 최고의 성공을 거두지만, 이는 그들에게 포상과 훈장 그리고 메달만 가져다줄 뿐 그 이상은 없다.

이처럼 불안정한 삶은 안전을 확보하라며 사람을 몰아세우고, 쉽사리 무너지는 보호욕구는 무기와 최고의 장비를 갖추라고 요구해서, 어머니의 눈에서 '볼 수 없었던 광채'는 금과 돈에 최후의 순간까지 반짝일 수 있는 빛을 부여한다. 어머니로부터 인정을 받지 못한 사람은 미친 듯이 성공에 열을 올리다 심장마비에 걸리기도 하고, 일찍부터 어머니가 혼자 내버려둔 사람은 문란한 성관계에 빠지기도 한다.

모성애 빈곤의 중심 테마는 버려지는 것이다. 육체적 혹은 / 그리고 감정적으로 버림을 받는 것으로, 그야말로 혼자 내버려지는 상태를 말한다. 이런 상태는 아이에게 치명적인 위협을 의미한다. 이때 불가피하게 얻게 된 분리경험은 훗날 이를 반복하려는 강박관념이 생기도록 해서, 계속 누군가로부터 버림을 받고 혼자 남게 된다. 이런 사람은 인간관계가 가까워질수록, 더욱더 관계를 거부하고 실망하며 상대방과 거리를 유지하려고 노력한다.

이들은 항상 그런 방식으로 상대로부터 버림을 받는다. 이는 과거에 자신이 받았던 충격보다는 다소 완화된 형태로 고통을 어느 정도 감당해내기 위해서이다. 이런 사람은 보통 자신이 버림받게 될 조건을 스스로 만든다는 점을 모르고 있다. 어린 시절 자신을 위협했던 내면의 고립무원 상태로 인한 고통을 더이상 겪지 않기 위해서, 이들은 자신을 버리고 떠나줄 사람이 필요한 것이다. 즉, 자신을 버린 사람을 사악한 사람으로 생각하고 그 자에게 분노를 터뜨리다 보면, 그보다 훨씬 위협적이었던 어린 시절의 내적인 고독으로 인해 그다지 괴로워할 필요가 없다.

우다는 여러 차례 불행한 남자관계를 맺다가 혼자 살게 되었다. 그녀는 남자와 헤어지고 처음에는 마치 어떤 것으로부터 자유로워진 것처럼 마음이 가벼웠으나, 몇 주가 지나자 매우 깊고도 '우울한 구멍' 속으로 떨어지는 듯한 느낌이 들었다. 이 구멍은 체념, 냉담, 무의미한 느낌으로 가득 차 있었다. 심리치료를 받으면서 그녀가 깨닫게 된 사실은, 그녀가 남자친구들에게 매번 실망을 느끼고 거리를 두었다는 것이다. 그렇게 하기 위해 그녀는 온갖 방법을 동원했다. 즉, 성적인 무관심, 일상생활에 불평하기, 남자친구가 애정을 충분히 쏟지 않는다고 비난하고 투덜대기, 다른 사람이 즐기는 자유에 대하여 시기하며 증오하기 등이었다.

그녀는 자신이 불평을 터뜨리는 데는 그만한 이유가 있다고 느꼈지만, 이로써 남자친구를 화나게 하고 지치게 만들어서 자신을 떠나게 했다는 사실을 처음으로 알게 되었을 때, 점차 다음과 같은 점을 이해할 수 있었다. 즉, 그녀는 남자친구에게 그런 식으로 굴면서 과거에 버림받았던 경험을 재연출했으며, 동시에 자신을 방어한 것이었다. 다시 말해, 현재 이별을 할 위기에 처해 있지만, 이런 위기로 인해 그녀는 어린 시절 자신이 철저하게 버려졌다는 사실을 주목하지 않아도 되었던 것이다.

응석받이로 아이를 키우는 어머니

기본적으로 어머니로부터 너무 많이 받는다는 것은 있을 수 없는 일이다. 좋은 어머니는 강요하지 않으며, 건강한 아이는 버릇 나쁜 응석받이가 될 수 없는데, 항상 자신이 필요한 만큼만 원하기 때문이다. 단지 사랑을 받지 못한 아이만이 그것을 보상해줄 대용품을 찾지만 이로부터 결코 만족을 얻지는 못한다. 그리고 부족한 어머니만이 자신이 가진 것보다 더 많이 주거나, 혹은 자신이 옳다고 생각하는 것을 아이에게 주는데, 이는 아이에게 정말 필요한 것이 무엇인지 알아채지 못하기 때문이다.

아이를 응석받이로 키우는 어머니는 사실 자신에게 갇혀 있는 사람이며, 실제로 아이의 곁에 있지 않다. 이런 어머니는 아이와 접촉하지 않으며 자신의 한계도 모를 뿐 아니라, 아이의 진정한 욕구가 무엇인지도 느끼지 못한다. 그녀는 달콤한 것을 달라고 소리치는 아이의 울음소리를 들을 따름이며, 이런 배고픔은 빠르고 쉽게 채워줄 수 있다고 믿고 있다.

거절을 두려워하는 탓에 그녀는 무조건 허락하며, 갈등을 기피하는 까닭에 무엇이든 따지지 않고 지나쳐버린다. 그녀는 뼈빠지게 일하느라 지쳐 있어도, 아이가 힘들지 않도록 도와주고 항상 손을 내민다. 자신이 중요하고 막강하다는 느낌을 유지하기 위해서!

이런 어머니는 아이를 손에서 놓으려 하지 않는다. 만일 아이가 어머니로부터 벗어나는데 성공하면 이를 위기로 받아들인다. 그러면서 끊임없이 자식을 걱정하여 전화를 하고, 방문하겠다는 편지를 보내며, 거절할 수 없는 제안도 한다. 예를 들어, 만일 손자손녀가 생기면 돌봐주겠다는 제안을 하는데, 이렇게 되면 자식은 진정으로(내적으로) 어머니로부터 분리되기가 거의 불가능하게 된다.

아이를 응석받이로 키우는 어머니는, 아이와 함께 자신의 한 부분을 상실하게 된다. 즉 자신에게 의미를 주고 과제를 주는 누군가를 잃어버리는 것이다.

자식이 어머니에게 벗어나면 어머니는 모든 것을 잃어버리고, 과거처럼 다시 자신의 존재가 하찮다는 고통을 겪어야 한다. 사실 그녀는 어떠한 일이 있어도 그렇게 되고 싶지 않다. 그래서 어머니는 자식에게 계속 영향력을 행사하기 위해 투쟁하는 경우가 드물지 않으며, 심한 병에 걸리거나 위기가 닥쳐서 자식이 어머니를 찾지 않으면 안 될 상황이 일어나기도 한다.

이처럼 어머니가 아이를 응석받이로 키우는 이유는, 어머니 자신의 부족함 때문이다. 그녀는 자기확신을 가질 수 없었을 뿐 아니라 인정받을 수도 없었기 때문에, 그녀에게 자신감과 의미를 가져다주는 아이를 절대로 잃기 싫은 것이다. 따라서 이때 어머니는 아이를 돌보면서 자신의 부족함을 은폐하고 보상할 수 있다. 이것이 바로 남을 돕지 않으면 못 견디는 신드롬(helpersyndrom)의 일종이며, 자신에게 필요한 것들을 오히려 아이에게 주고자 하는 증상이다.

모성이란 언제라도 아이를 도와줄 준비가 되어 있는 상태이다. 아이가 어머니로부터 분리하고 독립하는 것은 발달과정에서 자연스러운 일이니, 그렇게 될 수 있도록 적절하게 도와주어야 한다. 즉, 아이를 자유롭게 풀어주는 것이다. 그러나 마음의 안정을 얻고 타인으로부터 인정받기 위해 아이가 필요한 어머니는, 자식을 자유롭게 풀어주지 못한다.

127

이런 어머니는 자식과 멀리 떨어져 살아도 자식의 삶에 관여하기를 원하고, 걱정·의견·요구·애정을 통해서 영향력을 행사하려고 노력한다. 이 모든 것이 가족간의 애정으로 보일 수 있으며, 어머니는 스스로 훌륭한 어머니임을 느끼고 싶어한다.

어머니가 돌봐주는 아이는 처음 감사한 마음을 느끼고 책임감을 느끼다가, 점점 부담스럽다고 생각하게 된다. 결국 그는 자신의 문제로 어머니에게 상처주기 싫어서 부담이 되더라도 꾹 참고 있을 따름이다. 이렇듯 어머니는 자식을 악용하게 되고, 두 사람은 사태를 올바르게 인식하지도, 비판하지도 못하는 상태가 된다.

자식은 어머니에게 종속되어 있고, 확신을 가지지 못하며, 암암리에 어머니와 자신을 동일시한다. 그러면 이들은 새로운 세대에게 부여되는 개인적인 과제는 물론이고 사회적이나 역사적 과제를 이행할 수도 없다. 또한 어머니는 어머니라는 역할에 완전히 빠져서 아내 그리고 직장인으로서의 역할을 전혀 할 수 없다.

여기서 가장 위험한 측면은, 솔직하게 인정하지는 않지만 어머니가 아이에게 감사받기를 기대한다는 것이다. 만일 모성애가 감사와 연결되어 있다면, 아이에게는 감사할 수 없는 삶이 주어진다.

아이는 어머니라면 당연히 베풀어야 하는 모든 배려와 보살핌에 대하여 감사해야 할 뿐 아니라, 이를 넘어서 어머니가 어린 시절에 겪었던(나르시스적인) 욕구가 문제로 등장하게 된다. 이런 욕구들은 훗날 다른 사람들이 채워줄 수 없으며, 더구나 아이는 절대로 그럴 수 없다.

베른트는 젊은 교사로, 여자들과 문란한 성관계를 맺음으로써 어머니의 성가신 간섭과 걱정으로부터 해방되고자 했다. 혼자서 아들을 키웠던 어머니는 그를 신처럼 받들었는데, 아들은 그녀에게 자랑거리이자 삶의 의미였던 것이다.

어머니는 베른트의 아버지와 함께 있기를 원치 않았고, 남편이 성적인 요구를 해올 때면 고통스러워했다. 그리하여 남편이 바람을 피우자 이 기회를 이용하여 남편과 헤어졌다. 그녀는 한 남자의 아내가 되지 않고서 어머니가 되고자 하는, 이른바 정체성에 장애가 있는 사람에 속했다. 때문에 아들은 고통을 받아야 했는데, 실제로 어머니에게 있어 아들은 남편을 대신하는 사람이기도 했다.

어머니의 잘못된 애정(왜냐하면, 어머니의 필요에 의해서 생긴 애정이기 때문이다)은 아들의 항문에 좌약을 투입하면서 첨예화되었다. 어머니는 이 부위에 자주 병을 앓았던 아들에게 좌약을 넣어주면서 불가피하게 아들의 성기를 보게 되었다. 그리고 그때마다 징그럽다는 듯이 이렇게 말했다고 한다.

"제발 그것 좀 저리 치워!"

아들이 보기에 어머니는 자신의 성기를 너무 역겨운 듯이 바라보았고, 그리하여 그는 어린 시절 자신의 성기가 없어지기를 간절히 바랐을 정도라고 했다. 물론 이런 일은 불가능했으므로, 그는 ― 나중에 가서야 알게 되었지만 ― 자신의 남성다움에 벌을 주고, 남성의 상징물을 더럽히기 위해서 무절제하고 문란한 성생활에 빠지게 된 것이었다.

어머니는 자신이 구토를 느끼는 세계에 아들이 빠져들자 매우 불행해했다. 그러면서 자신에게 감사할 줄 모른다며 아들에게 욕을 퍼부었다.

아들은 어머니를 멀리하고 혼자 내버려두었지만, 물론 죄책감에서 자유롭지 못했다. 이 죄책감에서 벗어나기 위해 아들은 문란한 성관계를 가졌던 것이다. 어머니는 아들이 그런 불행한 방식으로 자신과 연결되어 있다는 것을 전혀 몰랐다. 아들 역시 성기를 경멸했고, 그것을 없애기 위해, 아니면 적어도 벌을 주기 위해서 노력했던 것이다.

불행한 방법으로 어머니로부터 분리되고자 한 시도는 그를 막다른 골목으로 몰아넣었다. 하지만 마침내 베른트는 자신에게 성적인 문제가 있는 것이 아니라, 정체성과 인간관계에 문제가 있다는 사실을 알게 되었다. 그리고 지금까지의 문란했던 성생활은 여자와의 강한 애정을 회피하는데 도움이 되었다는 것도 깨달았다. 다시 말해, 여자에게 강한 애정을 느끼면 모성애 결핍과 자신을 응석받이로 키운 어머니를 떠올릴 수 있으므로, 이를 피하기 위해 여자들과 육체적인 관계만을 가졌던 것이다.

아이를 응석받이로 키운 결과　　여기서 발생하는 가장 큰 문제는, 아이가 그러한 어머니의 노력을 사랑이라고 착각하게 된다는 점이다. 어쨌든 아이는 어머니로부터 늘 이런 말을 듣는다.

"널 사랑하기 때문에 너에게 이렇게 해주는 거야!"

하지만 이는 사랑이 아니라 숨겨두었다가 보상받은 어머니의 부족함이기 때문에, 아이는 여전히 결핍에 허덕인다. 응석받이로 자라면서 원하는 것은 거의 무엇이든 가졌는데도 말이다.

흔히 이런 아이들은 소위 말해 물질적인 애정공세를 받는데, 그래서 지나칠 정도로 많은 물건을 선물받는다. 이를테면, 아이의 방은 장난감으로 가득 차 있고, 특히 동물인형들이 많이 있는데, 이는 어머니 대신 부드럽고 따뜻한 온기를 전해준다.

겉으로만 보면 행복한 아이로 보인다. 그러나 비싼 물건들로 온통 둘러싸여 있다 해도 감정직으로는 진혀 만족힐 수 없는 상태이다. 솔직히 말하면, 아이의 방에 있는 모든 것들은 아이가 전혀 필요로 하지 않는 것이다. 너무 많은 선물은 일상을 지루하게 만들 뿐이다. 지나치게 많은 물건이나 애정, 도움은 아이를 안이하게 만들고, 수동적이며 불안한 사람으로 만든다.

또한 어린 나이에 조기교육으로 특별한 능력을 키우는 아이들도 많지만, 자신이 원해서 그런 탁월한 능력을 키우는 게 아니다. 그리하여 이런 아이들은 매우 예민하고 불안정하게 지낸다. 말하자면, 자신의 힘이 아니라 다른 사람에 의해서 자기애에 잔뜩 부풀어 있는 나르시시스트인 것이다.

이들은 늘 까다롭게 굴며, 영원히 만족이라고는 모르고, 받는데 익숙해져서 그 대신 무언가 해주지도 않으며, 잔뜩 받아도 배부른 줄 모른다. 왜냐하면, 정작 자신이 원하는 욕구는 채워지지 않고, 어머니에게 부족한 것만이 채워지는 까닭이다.

숨겨두고 감추어둔 결핍상태(사랑과 자기확신의 결핍)는 이들을 불안하고 불안정하게 만든다. 아이는 자신의 소원을 부탁하거나, 이를 위해서 투쟁하거나, 계략을 써서 취하는 방법을 배우지 않았다. 아이는 창의적 활동의 에너지원이라 할 수 있는 기대감을 결코 가질 수 없다. 쉽게 얻거나 선물받은 성공은 아이를 마비시키고 게으르게 만들며, 종속은 응석받이로 자란 사람을 불안정하고 불안하게 내버려둔다.

어머니가 아이를 응석받이로 키우는 원인은 모성애 결핍 때문이라 할 수 있다. 이런 어머니는 정작 중요하고 기본적인 욕구들을 이해하지 못한다. 그렇기 때문에 아이를 충족시켜주지 못하고 결국 아이에게는 충족되지 못한 동경과, 이를 대신해서 충족시켜주기를 원하는 탐욕만이 남게 된다.

물론 아이는 이런 것들을 스스로 얻으려 하지 않고 가능하면 선물 받기를 원한다. 따라서 아무리 선물을 받고 보살핌을 받더라도 충분하게 생각지 않으며, 어떤 것도 아이의 욕구를 제대로 만족시켜주지 못하는 것이다. 아이의 삶은 무절제, 안일, 요구, 떠벌리기, 불평과 같은 것들로 가득차게 되고, 이는 어머니와 아이 공동의 삶에 해를 입힌다.

어린애 같은 어머니

소녀 같은 여자가 어머니가 되었을 때, 이 어머니는 너무 어리고, 너무 미성숙하며, 너무 부족하고, 독립적이지 못하다. 이런 어머니는 여자로 성숙되는 단계를 빼먹었거나, 뛰어넘었거나 혹은 도망친 사람들이다. 물론 이들은 릴리스적 부분을 자신에게 통합하지 않았다. 그리하여 이런 어머니의 아이는 근본적으로 어머니의 필요에 봉사하는 역할을 맡는다.

아이는 어머니의 가치를 올려주어야 하고, 그녀에게 삶의 의미와 존경을 부여해야 하며, 열등감을 보상하고, 어머니가 여자로서 성숙되지 않았다는 사실을 잊을 수 있게 해주어야 하는 것이다. 즉, 어머니가 아이를 독립된 존재이며, 사회적으로 종속되지 않고, 남편과 동등하다고 착각할 수 있게 만들어주어야 한다. 또는 어머니가 자신의 부족함과 한계를 인지하고 감정적으로 소화했기에, 굳이 아이를 통해 안정을 얻으려고 하지 않도록 만들어주어야 한다.

물론 이 모든 것은 아이의 잘못이 아니라, 어머니가 여자로 성숙할 수 있는 사회적인 기회가 없었던 탓이다. 미성숙한 여자들은 사회로부터 관심과 의미를 얻을 수 있는 유일한 가능성이란 어머니가 되는 길뿐이라고 여길 때가 많다.

따라서 아이는 어머니 자신에게 부족한 것을 충족시켜주어야 한다. 때문에 미성숙한 어머니에게는 임신, 출산, 갓난아이가 무엇보다 중요하다. 이 시기에 그녀는 많은 관심과 보호, 지원과 충고를 받을 수 있다. 이는 분명 어머니에게 반드시 필요하고 의미 있기는 하지만, 아이 같은 어머니는 그보다 더 중요한 주제인 '모성애'를 진지하게 받아들이지 않는다. 어머니가 되고자 하는 심오한 동기, 아이를 위해 봉사할 수 있는 능력에 대해서는 깊이 생각해보지 않고 연습도 하지 않는다.

아이처럼 미성숙한 어머니에게는 특히 진정한 모성애가 부족하며, 이들은 스스로 무언가를 얻기 위해서 어머니가 되고자 한다. 단지 어루만질 수 있는 귀여운 아이, 혼자서는 아무 것도 못해서 누군가 보살펴주어야 하는 아이, 소중한 것을 전해주는 아이가 필요할 따름이다. 이런 탐욕스러운 요구들은 당연히 아이에게 부담스럽기 짝이 없다.

이런 어머니는 자신의 어머니에게 도움의 손길을 요청한다. 아이의 할머니이자 자신의 어머니로부터 미성숙한 그녀는 이제야 어린 시절 자신이 받지 못했던 관심과 애정을 받으려고 하는 것이다.

흔히 미성숙한 어머니는 아이를 보살피는 일로 생동감을 되찾는데, 이는 지금껏 그렇게 중요한 일을 해본 적이 없는 까닭이다. 때문에 이들은 아이가 갓난아이 시절에 특히 더 활기에 넘쳐 있고 행복하다. 하지만 이 시기는 빨리 지나가버린다. 아이는 금세 성장해서 독자적으로 행동하고자 하고, 어머니와 다투면서 어머니를 시험하려 든다. 즉, 아이는 어머니와 말다툼을 반복하면서 자존심, 독립심, 정체성을 얻으려 하는 것이다.

아이가 자랄수록 미성숙한 어머니는 그만큼 더 어려움을 겪는데, 아이를 자신의 목적에 악용하기가 점점 힘들어지기 때문이다. 그래서 어머니는 더욱더 아이의 기를 죽이고, 자립을 늦추거나 방해하려고 노력한다. 만일 자식이 엄마를 걱정하고 보살피면, 그때서야 엄마에게서 정말 사랑스러운 자식이라는 말을 듣게 된다.

이렇듯 아이를 거짓으로 치켜세워주면 많은 아이가 평생 불행한 삶을 살아가게 된다. 이들은 어머니의 그늘에서 벗어나지 못하고, 결혼생활, 직업선택, 그밖의 사회활동을 할 경우에도 다른 사람을 위해 봉사만 하게 된다. 왜냐하면, 이들은 자신을 생각하는 법을 배우지 못했기에, 자신에게 좋은 일을 하면 괜히 죄책감을 느낀다. 한마디로 이들은 자신의 삶을 향유할 수 없게 되는 것이다.

아이가 성장함으로써 미성숙한 어머니의 모성애적 능력은 사라진다. 잘해야 아이에게 '큰언니' 정도가 되어 무언가 요구하고, 협박하며, 괴롭히고(만일 네가 이걸 하지 않으면, 그러면……), 아이가 뭐라 해도 반응을 잘 하지 않는다.

이런 어머니에게는 아이가 진정 필요로 하는 것이 무엇인지 느끼는 능력, 이른바 감정이입 능력이 부족하다. 그녀 스스로가 욕구를 충족시킨 적이 없기 때문에, 기껏해야 추측에 의해 아이가 원하는 것을 해주려고 한다. 아이가 지금 그것을 원하는지 그렇지 않은지를 직접 아이를 통해 확인하지 않는다는 것이다. 그야말로 아이는 어린아이들이 엄마 놀이를 할 때의 그런 인형에 불과할 뿐이다.

따라서 아이는 자주 어머니의 무관심 속에서 어딘가 누워 있거나 앉아 있고, 위험이 닥쳐도 알지 못하며, 보호나 배려를 받지 못한다. 아이는 어머니의 손에 억지로 끌려가다가 바닥에 넘어지기도 하고, 유모차를 타면 어머니와 눈길 한번 마주치지 못한 채 단지 이곳에서 저곳으로 이동할 따름이다.

미성숙한 어머니의 부족한 감정이입 능력과 과도한 부담, 그리고 속수무책은 흔히 그녀를 엄격하고 강압적이며 부당하게 행동하도록 부추긴다. 미성숙한 어머니는 아이의 욕구를 실제로 인지하지 못하거나 해석하지 못하며, 대부분 무의식에 숨어 있는 자신의 욕구조차 아이를 통해 충족시키지 못한다. 그리하여 어머니와 아이는 갈등을 겪게 되고, 서로 고통스러울 정도로 실망을 하게 된다. 무엇보다도 이때 아이는 모성애 결핍의 희생물이 되는 것이다.

지금까지 유년시절에 주어지는 삶의 조건들의 중요성과 장애가 있거나 여러 가면을 쓰고 있는 거짓 모성애에 대해 서술했다. 이제 모성애 장애가 아이의 발달과정에 어떤 결과를 가져오는지 충분히 알게 되었을 것이다.

앞으로는 널리 퍼져 있는 모성애 장애가 인간관계와 사회발전에 어떤 영향을 미치는지 살펴보게 될 것이다. 그에 앞서 남자에게 존재하는 릴리스 콤플렉스가 어떤 작용을 하는지 먼저 살펴보도록 하자.

4

Der Lilith Komplex

남자에게 존재하는
릴리스 콤플렉스

아담은 남성의 본보기로서, 여성이 주장하는 동등권과 여성의 능동적이며 자율적인 자의식을 잘 다루지 못한다. 또한 그는 여성도 성적인 쾌락을 원하며 아이를 싫어하는 부분이 있다는 사실을 제대로 이해하지 못한다.

릴리스는 이런 아담을 불안하게 만드는 특성과 능력을 모두 지니고 있다. 실제로 어머니가 원하지 않았고, 그래서 충분히 사랑받지 못했으며, 어머니의 욕구에 따라야 했던 사내아이들은 어머니로부터 해방되려고 노력하지도 않은 채, 평생 어머니에게 고정되어 있으며, 결국 미성숙하고 예속적인 남자로 성장하게 된다.

이런 남자들은 여자에게 존재하는 릴리스적인 부분을 두려워한다. 이들은 아내를 파트너로 받아들이지 않고, 자신의 어머니보다 더 이용하려 든다. 이 남자들은 자신에게 결핍된 사랑을 섹스로 표현하거나, 혹은 여자의 가치를 하락시킴으로써 성적인 대상으로 악용한다. 이들은 아내에게 더 많은 관심을 받아내기 위해 자식과 경쟁하거나,

아내가 자신보다 아이를 더 많이 보살피면 질투하고 화를 내며 실망감을 감추지 못한다.

　이런 남자들은 아내에게 숨어 있는 성향, 즉 아이를 싫어하는 성향을 본능적으로 알아차리지만, 이를 진지하게 받아들이거나 이해하려고 하지 않는다. 그래서 모성애에도 한계가 있다는 쓰라린 진실을 아이들이 받아들일 수 있도록 아버지로서 도와줄 수 없다. 그렇게 하려면 아버지는 아이들과 함께 슬퍼하고 고통을 느껴야 한다. 하지만 아버지가 비록 감추고는 있지만 자신도 모성애 결핍을 경험한 탓에, 또다시 그것이 재현되는 것을 두려워한다.

　이처럼 근본적으로 어머니에게서 벗어나지 못하는 남자들은 사회가 비정상적으로 발전하는데 한몫을 하며, 가정에서 문제를 일으키는 장본인이 된다. 모성애 결핍으로 인해 이들은 지나치게 성공에 집착하는 편인데, 그렇게 함으로써 어머니에게 사랑받을 수 있으리라는 헛된 희망 때문이다. 그들은 이렇게 생각한다.

　'어머니는 분명 사랑의 능력을 다시 보여줄 거야. 어머니에게 사랑하는 능력이 없다거나, 나를 좋아하지 않는다는 것은 있을 수 없는 일이거든!'

　이렇게 자란 소년은 도와주고 봉사하는 사람, 출세를 위해 사는 사람으로 성장하게 된다. 이들은 성과위주의 사회에 중독된 사람들이며, 무의식에 존재하는 모성애 결핍으로 인해 삶을 의미 있게 계획하는 대신에 무자비한 경쟁으로 가득 채운다.

　어린 시절의 모성애 결핍이 몸과 마음을 위협하였듯이, 살아남아야 하는 치열한 경쟁도 그들을 위협한다. 만약 이 경쟁사회가 변화되지 않는다면, 어린 시절 상처를 받았던 남자들은 초기의 결핍을 은폐한 채, 그 결핍과 투쟁하기 위해서 우리 사회를 생사를 건 전쟁터로 만들 것이다.

그리고 이들은 과거에 어머니가 자신에게 퍼부은 저주가 맞는 말인 양 스스로를 파괴하면서 희생시킬 것이다. "그렇게 하지 마!" "나를 위해 더 노력 해!"라는 어머니의 말을 떠올리며, 그들은 어머니의 욕구를 충족시키기 위해 희생할 것이다.

어머니에게 고정된 남자들은 아내를 어머니로 만들기 원하는데, 이 또한 어린 시절 어머니에게 받지 못했던 인정과 사랑을 받기 위해서이다. 하지만 그렇게 하는 방법을 배운 적이 없기 때문에, 이들은 집에서 늘 도와줄 준비를 하거나 봉사만 한다. 말하자면, 그와 같은 모든 일을 해야 하기 때문에, 혹은 하고 싶기 때문에 하는 것이 아니라, 우선 자신들이 얼마나 사랑스러운 사람인지를 증명해보이기 위한 것이다.

어린 시절의 모성애 결핍은 그들을 릴리스 콤플렉스에 고정시켜버린다. 다시 말해, 이런 남자들은 제대로 된 남자로서 내면이 성숙되어 있지 않으며, 성숙한 여자를 대하는 방법도 잘 모르고, 토론과 협상 그리고 요구와 한계를 싫어한다. 이들은 절대로 "예" 또는 "아니오"로 분명하게 대답하는 적이 없으며, 거듭해서 질문을 하며, 항상 잘하려고 노력한다. 또한 확신을 갖지 못하고, 만일 자신이 명확하게 표현하지 못한 어떤 것을, 상대가 알아서 이해하고 받아들여주지 않으면 내심 실망감을 감추지 못한다.

이런 남자들은 아버지로서의 역할을 잘 해낼 수도 없다. 스스로 모성애에 대한 결핍을 경험했기 때문에, 아이가 어머니로부터, 즉 자신의 아내로부터 독립하려는 것을 도와줄 수가 없는 것이다. 어머니에게 집착하면서 자란 탓에 스스로도 종속적이며 불확실하고, 아내를 두고 아이들과 경쟁하는 관계이므로, 때로 아이들에게 적대적이기까지 하다.

릴리스 콤플렉스가 있는 아버지는 가정에서 제삼자의 위치에 있으므로 아무런 힘도 발휘하지 못하며, 그럴 용기 또한 없다. 그는 아이에게 모성애 결핍과 모성애 중독이 생기지 않도록 보완하고 보호해줄 능력이 없는 것이다.

아이를 낳지도 못하고 아이에게 모유를 주지도 못하는 존재이지만, 아버지에게는 아주 중요한 과제가 있다. 처음에는 공생관계에 있던 어머니와 아이의 관계를 점차 느슨하게 해주고, 아이에게 다른 재미난 것을 제공함으로써 어머니로부터 독립하는 것을 수월하게 해줄 의무가 바로 그것이다.

아버지는 '제삼자'로서 분리, 자율, 요구, 위험과 모험, 홀로 서기, 새롭고 낯선 것을 대표한다. 다시 말해서, 아이는 어머니와 전혀 다른 아버지라는 존재를 통해서 융합과 일체, 종속, 받기, 보호, 안전이라는 개념과 정반대되는 극단의 것을 경험하게 된다. 이렇게 성장하면서 아이는 점차 두 가지의 극단에 모두 익숙해지는 삶의 방법을 배우게 된다.

아버지 도피란 무엇인가

　　어린 시절 충족되지 못했던 욕구들은 훗날 결혼을 하더라도 결코 채워지지 않는다. 하지만 많은 남자들은 그와 같은 희망을 품고 — 물론 부수적으로 성욕을 해결하려는 목적도 있다 — 결혼한다. 아무리 어머니 같은 여자와 결혼하더라도, 이들에게 부족했던 과거의 사랑을 다시 채울 수는 없다. 어머니와 같은 아내는 남자 속에 들어 있는 어머니에 대한 그리움을 다시 일깨워주기는 하지만 채워주지 못하는 까닭에, 남자는 점점 아내가 어머니처럼 행동하기를 원하다가 결국 실망하고 만다.

　　그리고 흔히 이런 남자의 아내 역시 충족되지 못한 그리움을 가슴에 품고 있는 경우가 많다. 솔직하게 말하지는 않지만 그녀 역시 남자를 대리 어머니로 삼아서 욕구를 충족시키고 싶은 것이다. 처음에는 서로 사랑해서 그런 점을 잘 모르다가, 시간이 지날수록 그들은 점차 상대방에게 비난을 터뜨리게 된다. 과거 어머니에게 실망했던 분노가 이제 남편 혹은 아내를 향해 쏟아지는 것이다.

　　대부분의 남자들은 사회에서 쓰고 있던 가면을 벗어던지고 강한 척하는 것을 포기할 용기가 없다. 그리고 이들은 자신의 결핍상태를 인정하고 이로부터 진정한 힘을 얻으려는 용기도 부족하며, 그렇게 할 마음의 준비도 되어 있지 않다.

　　물론 남자들의 그러한 행동을 나르시스적인 사회는 그다지 달갑게 받아들이지 않을 것이다. 왜냐하면, 단순히 겉으로 강한 척하는 것이 아니라 자신에게 결핍된 모성애를 이해하고 난 후 진정으로 강해진 남자들은 사회에서 일어나고 있는 폭력과 경쟁에 참여하지 않을 것이며, 이들은 성과와 능률에 중독된 사회의 경제적 · 군사적 기초마저 문제로 삼을 수 있기 때문이다.

이와 반대로 릴리스 콤플렉스가 만연해 있는 기독교적 서구사회는, 특히 오늘날과 같은 산업사회나 정보사회에서는, 남자들이 그와 같은 인간관계에서 발생하는 불행으로부터 도피할 수 있는 많은 가능성을 제공하고 있다.

상대와 진정으로 대화를 나누고 사랑으로 연결되면, 애써 잊으려 했던 모성애 결핍이 다시금 떠오르게 되는 까닭에 남자들은 여기서 도망을 치게 된다. 아버지가 텔레비전, 컴퓨터, 인터넷, 비즈니스, 경쟁, 권력 게임으로 도망치는 이유는, 이렇듯 친밀한 관계를 맺는 것에 대한 두려움 때문이다. 특히 인터넷과 같은 시각적인 매체는 점점 비생동적이며 가상적인 접촉의 기회를 많이 주며, 마약과도 같은 온갖 쓰레기 정보들을 제공한다.

비즈니스 현장에서 나타나는 남자들의 강인함, 힘이 넘치는 말솜씨, 능숙한 제스처, 학문적인 능력 혹은 객관적인 능력은 흔히 충족되지 못한 과거의 부족함을 감추고 보상하기 위한 것들이다. 대체로 성공을 거둔 뒤 슬럼프에 빠지거나, 실패한 뒤 우울증에 빠지거나, 혹은 만성적인 부담감으로 인해 질병을 앓게 되면 이런 사실을 보다 명확하게 알 수 있다.

또한 부부 사이에 냉담함이 흐르거나 관계가 깨어지고, 아내와 아들 사이에서 균형을 유지하지 못거나, 멋진 남성상으로서의 아버지가 사라진다. 주말이면 아버지들은 신문을 보거나, 작업실에 있거나, 지하실이나 차고에서 취미생활을 하거나, 주말농장, 운동장, 동호회, 술집 등으로 가게 된다. 바꾸어 말해, 아버지들은 자기 자식보다 자동차, 개, 축구, 골프채, 컴퓨터, 우표나 그밖의 것들에 더 많은 관심을 가지고 열정을 쏟는다는 뜻이다.

이처럼 아버지 도피를 할 수 있는 수단은 다양하게 제공된다. 예를 들어 아주 원시적인 형태로 '자신을 역겹고 구역질나게 만드는 법' (가령 담배를 피우고 술을 마시는 것도 아주 적합한 방법이다)에서부터, 질병으로 인해 직장을 그만둘 수도 있으며, 나아가 매우 교양 있는 형태도 있다. 가령, 학문이나 조국에 봉사하거나, 그렇지 않으면 신에게 봉사한다는 이유로 인간관계로부터 멀어질 수도 있다.

이러한 아버지들의 도피를 사회는 최대한 허락하고 인정해주며, 권력과 명성, 부와 성공을 얻기 위한 전제조건으로 간주된다. 하지만 아버지들은 도피에서 결코 진정한 자유와 만족을 얻지 못한다. 그들은 다만 노력과 투쟁을 통해서 구원될 수 있으리라는 헛된 희망을 가지고 과거의 진실로부터 도주하고 있을 따름이다. 스스로 체험했던 모성애 결핍을 더이상 기억하지 않기 위해, 이들은 아내와 아이들만 집에 내버려두는 것이다. 그러면서 결국 세상을 황폐화시키고, '대지인 어머니'를 착취하며, 환경과 자연적인 것을 파괴하고, 생명이 있는 것들을 시각적이고 가상적인 것으로 대체한다.

이런 남자들에게는 인간관계가 결핍되어 있으므로, 그들은 이를 대신해줄 것을 탐욕스럽게 찾는다. 부족했던 사랑은 돈으로 대신하고, 내적인 열등감을 완화시키기 위해 타인으로부터 인정받으려 하며, 감히 훼손할 수 없는 어머니에 대한 실망과 분노를 떠올리지 않으려고 경쟁에 열중한다. 그들의 병적인 욕망은 자연을 파괴하고, 경제적 이윤만 추구하는 성향은 문화를 죽이며, 존재의 두려움으로 무장한 경쟁은 폭력을 유발한다.

'마약'을 차지하려는 싸움, 전래되어온 문화적 규범의 파괴 등, 이들의 잔인한 성격은 결국 전쟁을 일으킨다. 남자들은 제일 먼저 자신을 죽이고, 다음으로 적을 죽인다. 그리고는 마침내 살의에 가득 차서 여자들과 아이들을 능욕하고 살해한다. 이로써 어머니에 대한 증오심과 릴리스 콤플렉스는 끔찍한 배출구를 찾은 것이다.

아버지 테러란 무엇인가

많은 남자들이 어린 시절에 얻은 마음의 상처를 권력을 통해 은폐하려고 시도하듯이, 이들은 흔히 자신이 당했던 모욕과 무시를 아이들에게 발산한다. 다시 말해, 어린 시절에 마음의 상처를 받은 아버지는 권위적인 폭력을 행사하는 장본인이 된다. 이들은 복종과 질서, 훈육을 요구하고, 자신들의 요구를 엄격하고 완고하게 ― 폭력을 쓰는 경우도 드물지 않다 ― 관철시킨다.

이들은 아이에게 최고가 되라고 요구하며, 성공하기를 부추긴다.

실제로 아이가 좋은 결과를 내더라도 이에 만족하지 않는다. 명예, 힘, 노력을 끊임없이 아이에게 요구하는 것이다. 그러므로 사람에게 는 태어날 때부터 능력의 한계가 있다는 사실을 받아들이지 않고, 아이가 반대하고 반항하면 이를 참아내지 못한다.

이런 아버지들은 아이에게 엄격하고 벌을 주는 것 외에도 주저하지 않고 무시하는 말을 던진다.

"네가 커서 뭐가 되겠냐?"

"그런 것쯤은 벌써 할 수 있어야지!"

"너는 영원히 못할 거다!"

"너는 실패자야!"

"이 겁쟁이 같은 놈!"

"이 울보야!"

"그렇게 우스운 꼴로 다니지 마!"

또한 도덕적인 몽둥이도 곧잘 흔들어댄다.

"우리 집에서 돈을 벌어오는 사람은 나야!"

"처자식 먹여 살리려고 나는 뼈빠지게 일한다!"

"네가 나한테 밥을 얻어먹는 이상, 내가 시키는 대로 해!"

혹독한 규칙, 엄격한 도덕, 지나치게 세심한 감독, 비난과 욕설은 아이의 기를 죽이고 복종하게 만든다. 그럼으로써 아버지 자신의 약점을 감추는데 도움이 된다. 아버지는 아이에게 분노를 터뜨리고, 열등감으로 인해 자식에게 폭군처럼 굴며, 메마른 감정으로 인해 폭력을 휘두르게 된다.

과거 독일의 권위주의적 사회에는 테러를 저지른 아버지들이 살았다. 권위주의는 순수하고 생동적인 것을 금하며, 감정을 질식시키고, 증오심을 만들어내며, 폭력을 선동한다. 감정의 정체상태*에 빠져 있는 부하, 비겁한 동조자, 그리고 적극적인 공범자는 권위주의적인 아버지 테러가 낳은 산물이다.

권위적인 아버지는 늘 어머니에게 중독되어 있다. 이런 심리적 상태는 남자가 아버지로 발전하는 것을 용서하지 않으며, 잔인하고 무자비하게 굴도록 만든다. 아버지의 엄격함과 격렬함은 아버지 자신이 어렸을 때 겪었던 고통의 정도를 말해주며, 마음의 상처가 너무 깊어 목숨이 위태로울 정도인 경우도 드물지 않다.

이렇듯 우리의 아버지들은 어린 시절에 받았던 모욕과 굴욕, 자신에 대한 분노를 자식들에게 온전히 전해준다. 왜냐하면, 그들은 자식으로 인해 자신의 정체된 감정이 다시 되살아날까봐 두렵기 때문이다. 그래서 이들은 갖은 힘을 동원해서라도 자식들을 억눌러야 하는 것이다.

이런 아버지는 아이에 대해 고자질하며 벌을 주라고 요구하는 아내의 지시에 따라 행동하는 경우도 드물지 않다. 어머니는 아버지를 들먹이며 경고하는 것을 좋아한다("아빠가 돌아오시면 어떻게 되나 보자!" "아빠한테 모든 걸 얘기해줄 거다!" "아빠가 알면 어떻게 되겠니!").

★ 교통체증을 상상하면 된다. 길에서 차가 전혀 움직이지 못하듯, 감정도 그런 상태에 빠진 것을 감정의 정체상태라 부른다.

이 경우는 부모가 모두 릴리스 콤플렉스를 가지고 행동한다. 두 사람은 아이의 자율성과 활력을 막기 위해, 약한 어머니처럼 행동하지만 실제로는 마녀 같은 어머니와, 강해 보이지만 실제로는 폭력을 행사할 뿐인 아버지가 힘을 합친 것이다. 두 사람은 릴리스 콤플렉스로 인해 자율적이고 활기차게 살 수 없는 사람들이다.

릴리스 콤플렉스는 남자들을 비겁하고 사악한 아버지로 만든다. 이들은 파괴적이고 부족한 남성상을 물려줄 뿐, 자식이 성숙하고 자율적인 아이가 되도록 이끌어주지도 못하고, 모성애 중독에서 벗어날 수 있도록 균형을 잡아주지도 못한다. 그리하여 이런 아버지들은 어린 시절에 겪었던 불행에서 벗어나기는커녕, 자신의 운명을 비극으로 완성해버린다.

어머니 같은 남자, 어머니 같은 아버지

모성애 결핍, 모성애 중독, 아버지 테러, 아버지 도피 등은 성장하는 사내아이들에게 부족한 모성애와 거짓 모성애, 그리고 거짓 남성성과 허약한 부성애를 전해준다. 그리하여 오이디푸스적인 관계가 성립될 수 있는데, 이런 관계에서 아들은 섹스를 넘어서 어머니와 가까워지려고 노력한다. 그리고 아버지를 경쟁자가 아니라, 모든 것을 혼자 책임져야 하는 사람으로 보고 그와 투쟁하려고 시도한다.

부성애 장애는 쉽게 알아볼 수 있다. 이는 실제로 아버지가 가진 약점(엄격함, 부재 등)에서 확인할 수 있기 때문이다. 또한 아버지의 실수는 성장하는 아들에게 들키고 지적받을 수 있으며, 아들은 그런 실수를 하지 않으려고 노력할 수 있다.

하지만 어린 시절의 모성애 장애는 무의식 속에 은폐되어 있을 수 있다. 아들이 아버지를 거부하고 악한으로 보면, 이것은 어머니에게도 괴로운 일인데, 어쨌거나 이런 태도는 '어머니 보호'를 위해 폭넓게 사용되고 있다.

10대 후반에서 20대 초반에 이르는 남자들은 불행을 회피하기 위해 다른 방법도 사용한다. 즉, 스스로 어머니 노릇을 하는 것이다. 이들은 일찍부터 독립적이 되려 하고, 자신을 스스로 보살피려고 노력한다. 이들 중 많은 남자들은 어머니가 보살펴주지 않아도 된다는 것을 보여주기 위해 요리, 빨래, 바느질, 다림질도 배운다(남자들이 마땅히 이런 일을 배워야 한다거나 배울 수 있다는 뜻이 아니다. 여기서 중요한 것은, 위의 남자들이 모성애 결핍으로 인해 온갖 집안일을 배우려는 동기가 생겼다는 점이다).

일찍이 이들은 다른 사람을 이해하고 그들의 감정을 자신도 느낄 수 있는 능력을 키운다. 원래 이들은 어머니의 욕구를 재빨리 파악하여 기분 좋게 해주었던 까닭에 어머니의 마음에 들 수 있었다. 이런 남자들이 여동생을 돌보는 경우도 드물지 않으며, 훗날 이들은 사회적인 능력을 발달시켜 다른 사람을 돕는데 관심을 갖게 된다. 그리하여 예수 그리스도, 마하트마 간디, 알베르트 슈바이처 등과 같이 희생을 상징하는 위대한 인물들에게서 도덕적이고 정신적인 스승을 발견하기도 한다.

이런 남자들은 이해력이 풍부하고, 관대하며, 감정이입에 뛰어나고, 감성이 풍부하다. 또한 주변에서 부드럽고 협조적이라는 평을 들으며, 흔히 남들과 친구 되기를 좋아해서, 사람들은 이들에게 쉽게 부탁을 할 수 있다.

이런 남자들이 결혼을 하면 자주 여성적인 역할을 맡고, 기꺼이 '전업남편'이 되어 아이들을 돌본다. 하지만 굳이 남녀역할을 바꾸지 않더라도, 이들은 어떤 인간관계에서든 상대의 말을 잘 들어주고 이해도 잘하며, 다른 사람이 편하게 느낄 수 있도록 해주는 사람들이다. 그러니 자신의 아이를 위해서는 기꺼이 곁에 있어주고, 욕구도 잘 이해해주며, 중요한 일은 자신이 나서서 돕는다.

이런 가정에서 자라는 아이는 어머니보다 아버지를 더 가깝게 여기며 좋아할 때가 많다. 그러면 어머니에게는 아이와 아버지의 관계에 균형을 맞춰주는 과제가 주어진다. 대체로 이런 아이의 어머니는 직장에 다니거나 매우 바쁘기 때문에, 아이에게는 아버지보다 어머니가 외부세계를 더 잘 대표한다. 따라서 이런 어머니는, 아이가 아버지와 친밀한 관계를 맺고 있다가 이것에서 독립해야 할 필요성이 있을 때, 아버지와 정반대에 있는 극단을 상징하는 인물이 된다.

이런 남자들과 아버지들은 자신이 한번도 경험하지 못했던 모성애를 동원한다. 이들은 자신의 '건전지'를 어머니의 사랑으로 충전할 수 없었던 대신 자신이 배웠던 생존전략을 한껏 사용한다.

이들의 생존전략에는 철학과 이론적인 기본이 깔려 있고, 만일 타인을 돕는 직업에 종사하고 있다면 이로부터 얻은 노하우도 들어 있을 것이다. 이는 많은 아이들, 청소년들, 환자들, 친구들과 아내들에게 축복이 아닐 수 없다. 다시 말해, 그처럼 어머니 같은 아버지들이 없다면 많은 사회 시스템이 위축되고 말 것이며, 교육과 치료도 실패하고, 가정도 망가질 수 있다는 뜻이다.

하지만 이런 남자들의 삶은 특별한 형태의 비극이 아닐 수 없는데, 이들의 삶이 끝없이 모성애 결핍을 보상하려는 시도에 불과하기 때문이다. 모성애 결핍은 그들을 갉아먹고 지치게 하며, 우울증과 심신상관성 질병, 그리고 중독을 일으킨다.

이들은 자신이 기울인 노력에 대하여 상대가 전혀 고맙게 여기시 않는 경우를 체험할 수 있고, 실패하면 즉사 모욕을 느낄 수 있으며, 상대와 갈등상황에 처하면 감추어둔 분노가 갑자기 터져나올 수도 있다. 그러면 어머니를 대신해주는 시스템(어머니 같은 남자 / 어머니 같은 아버지)을 이용하던 모든 사람들이 혼란에 빠지거나 불안해 하며, 한동안 자신을 돌봐주는 사람이 없는 상태가 되고 만다.

어머니 같은 남자 혹은 어머니 같은 아버지를 좋게 생각하던 사람들도 갑자기 돌변해서 그런 남자들을 미워하게 된다. 여태껏 보살핌을 받던 사람들은 모성애 결핍 신드롬을 호소하고, 대리모 역할을 해주던 남자가 자신을 불행하게 만든 장본인이라고 말한다.

어머니 같은 남자는 아이처럼 미성숙한 여자와 살기를 좋아하는데, 이런 여자는 돌보고 보살피기에 적합하기 때문이다. 그러면 어머니 같은 남자는 모든 어려운 일을 도맡아서 한다. 그는 운전을 하고, 시장을 보러 가고, 요리를 하고, 가방과 시장바구니를 들고 다니고, 관공서에 볼일이 있으면 자신이 가고, 서류를 작성하고, 어려운 결정도 혼자 내린다. 그는 이런 일들이 남성적이라고 간주하며 자신의 욕구와 숨어 있는 동경을 더이상 느끼지 못한다.

　이러한 어머니 같은 아버지는 일반적으로 감정이 심각하게 메마른 가정의 아이에게는 어느 정도 괜찮을 수 있다. 하지만 보통의 경우 여자아이라면 자신에게 존재하는 여성적인 면을 일깨우지 못하게 된다. 남자아이라면 모성애 결핍을 거의 인지할 수 없으며, 부성애에 대한 본보기나 경험이 없이 어머니 같은 부성애만 배우게 된다.

엄마의 마음자세가
사회에 미치는 영향

심리치료를 하면서 우리가 알게 된 사실은, 노이로제란 심리적인 갈등의 표현으로, 무엇보다 어린 시절의 구조적 장애를 감추고 방어하는데 이용된다는 점이다. 간단하게 말해서, 기초적이고 본질적인 결핍과 상처를 숨기기 위해, 노이로제는 부수적인 문제와 갈등을 만들어내어 이를 이용한다. 가령 '모성애 장애'를 숨기기 위해 노이로제는 '아버지 문제'를 이용한다.

정신분석학은 릴리스 콤플렉스를 인지하지 못하도록 하기 위해 오이디푸스 콤플렉스를 만들어냈다. 그리하여 많은 심리치료법들은 어린 시절에 얻은 '초기장애'를 치료하지도 못한 채, 끝없이 펼쳐지는 노이로제성 갈등을 이해하고 바로잡기 위해서 엄청난 시간과 노력, 그리고 돈을 쏟아 붓는다.

노이로제가 만연해 있는 사회에서는 정치적인 스캔들이 판을 치며, 서로 구별도 되지 않는 비슷비슷한 제품을 고르기 위한 전쟁이 벌어지고, 기분풀이와 오락거리가 무성하며, 인간의 내면 깊숙한 곳에 들어 있는 불행과 동경, 결핍 등을 달래준다는 암시로 가득 찬 물건들이 넘쳐난다.

사회가 겪는 모성애 결핍

수천년 간 여성의 동등권을 부인한 것에서부터 시작해, 한편으로는 여성을 잔인하게 억압하고 무시하고 핍박하는 태도, 다른 한편으로 어머니를 존경하려는 의도에서 행해지는 '성처녀' 마리아에 대한 숭배는, 참으로 불행한 방식으로 기독교 문화에 영향을 주었던 갈등상황을 뚜렷하게 보여준다. 즉, 종교재판, 마녀 화형식, 십자군전쟁, 수많은 전쟁과 민족살해 등을 잃어버린 모성애나 거짓 어머니 숭배와 관련해서 이해할 수 있다.

우리는 어머니의 특성과 능력들이 사회에서 갖는 의미를 이해하는 법을 배워야 한다. 그리고 우리는 모성애 장애가 어떻게 사회에서 강요되고 확산되는지를 알아야 하며, 또한 여성이 어떻게 그 장애를 의식적이든 무의식적이든 자식들에게 계속 전수하는지를 살펴보아야 한다.

사람들이 분쟁, 시기심, 질투, 모욕, 경쟁, 폭력으로 귀착되는 노이로제성 갈등을 불러일으킨다는 점에 대하여는 일반적으로 관심이 높다. 노이로제성 갈등은 다른 사람의 삶을 부담스럽게 하고, 그리하여 공동으로 살아가는 생활을 불쾌하게 만든다.

다른 한편으로, 우리의 시간이 그와 같은 갈등으로 채워지는 까닭에, 초기의 공허함과 불안정, 마음속 깊은 곳에 들어 있는 불행으로 인한 감정의 정체상태와 그렇게 된 진정한 원인을 발견할 수 있는 에너지조차 없는 것이다.

원인제공자인 부모님, 폭력을 동반하는 육아, 권위적인 교육, 아이들을 악용하고 학대하는 사회현상, 이 모든 것들을 사실로 받아들이기에는 너무 부담스러울 뿐 아니라, 결코 사실이어서도 안 되는 것이다.

그리하여 대부분의 사람들은 현재 자신이 느끼는 고통에 대한 원인을 다른 곳에서 찾는다. 가령 정치적인 위기, 불안정한 미래, 혹은 사회적인 차별이나 공공연한 스캔들 때문이라고 본다. 여기에는 무엇보다 겉으로 드러나는 불행과 갈등만 보도하는 언론도 톡톡히 한 몫하고 있다.

물론 열악한 사회적 여건이 개인에게 나쁜 결과를 가져올 수 있다는 사실은 논란의 여지가 없다. 그러나 다른 한편으로, 거부감 없이 부담스러운 일로 받아들일 수 있는 그런 나쁜 사건에 대한 보도를 접하며 개인은 자신의 불행의 원인을 간과할 수 있다. 또한 우리가 생각해봐야 할 점은, 사람들은 이처럼 불행한 외부적 사건을 통해서 내적인 부담감을 덜기 위해 가끔 무의식적으로 불행을 연출하기도 한다는 사실이다.

실제로 심리치료를 해보면 다음과 같은 일이 다반사로 일어난다. 가령, 사랑하며 즐겁게 살 수 있는 순간이 되면 사람들은 말다툼을 하거나 불행한 사건을 얘기하고, 혹은 부정적인 경험을 계속 간직하기 위해 행복해질 수 있는 상황에서 도망치기도 한다. 단지 소수의 사람들만이, 자신은 불행의 희생자일 뿐 아니라 그 불행을 만들어낸 장본인이며, 한때 자신이 당했던 경험을 무의식적으로 계속 재현하고 있다는 점을 깨달을 수 있다.

심리치료와 정신치료를 받아야 하는 정신병, 보드라인(Borderline) 신드롬★, 나르시스적 인격장애나 정신분열성 인격장애와 같이 심각하고도 조금은 희귀한 '초기장애'는, 사실 우리 시대의 수많은 사람들에게서 볼 수 있는 장애들 중 빙산의 일각에 불과하다.

지난 20세기 — 나는 이 시기만을 관찰했다 — 에 아이를 출산하고 교육시켰던 방법, 권위적인 신드롬이 만연하게 된 연유, 복종과 성과, 훈육과 질서와 같은 부차적인 덕목들이 보편적인 사회규범으로 발전할 수 있었던 것을 보면 다음과 같은 가설을 세울 만하다. 즉, 셀 수도 없이 많은 사람들이 모성애 장애로 인해 초기의 고통을 당해야 했고, 아직도 여전히 괴로움을 당하고 있다는 것이다.

지난 세기 독일 사회의 병리들과 수백만 명의 독일 사람들이 집단적인 범죄(전쟁과 유대인 학살)에 가담한 사실을 나는 '초기장애'의 사회·심리적 결과라는 맥락에서 해석할 것이다.

나는 우선 '보통의' 초기장애부터 다룰 것인데, 이는 심각한 초기장애와 비교할 때 개인을 덜 힘들게 하는 것도 아니고, 사회를 덜 위

★ 지금까지는 정신병과 노이로제의 경계에 있는 질병으로 보고 있다.

협하는 것도 아니며, 단지 장기간 눈에 띄지 않을 뿐이다. 너무 많은 사람들이 이 장애를 앓고 있어서, 이런 장애에 따른 행동이 사람들의 눈에 평범하게 보이기 때문이다. 모든 사회에는 행동양식과 행동규범이 만들어지는데, 이런 것이 바로 모성애 장애의 표현이다.

우리는 많은 사람들 혹은 대다수의 시민들이 어린 시절에 처했던 상황이 '정상상태'가 되어버린다는 뼈아픈 사실을 받아들여야 한다. 이로부터 영향을 받은 정치체제, 교육양식, 그리고 폭발적으로 증가하고 있는 대중매체를 통해 전달되는 예절들은 다시금 사회에서 초기 삶의 환경, 모성, 모성애에 대한 견해를 결정하게 된다.

초기장애가 있는 평범한 사람들

모성애 장애와 결함으로 인해 생기는 중요한 사회·심리적인 결과는 사람들의 태도와 사회상태에 지속적인 영향을 미치게 된다. 이와 같은 심리·사회적인 결과는 존재에 대한 수치심, 고독하고 쓸쓸한 경험, 만성적인 사회·심리적 신드롬, 그리고 외부에서 설정한 기준으로 살아야 한다는 강요 때문에 생긴다. 초기의 수치심은 개인을 사회로부터 떼어내 고립시키고, 결핍 신드롬은 중독에 빠지게 하며, 외적 기준에 따라 살아야 함으로써 자연과의 접촉은 사라진다.

나는 충분하지 못해 — 초기의 수치심　　초기의 수치심은 어머니가 아이를 기본적으로 거부하거나 충분히 수용하지 않음으로써 생겨난다. 결국 아이는 스스로를 무시하게 되는데 이때부터 존재에 대한 수치심이 생겨나는 것이다.

"나는 살아 있는 것만으로 스스로를 부끄러워해야 해."

"나는 원하는 아이가 아니니 살아서도 안 돼. 태어난 것부터 잘못되었어."

"나는 짐만 되고 방해만 될 뿐이야. 그러니 나 같은 사람은 태어나지 말았어야 했어."

"나는 살 가치가 없어."

아이는 자신이 살아 있다는 것 자체를 수치스러워하게 된다. 하지만 아이는 상대로부터 받아들여지고 사랑받고 싶을 뿐 아니라, 누군가를 사랑하고 싶어한다.

지상의 사랑에는 사랑하는 것과 사랑받는 것, 두 가지 측면이 있다. 하지만 부모는 아이가 사랑을 원하더라도 이에 반응하지 않을 때가 많다. 그리고 자주 아이의 곁에 없거나 하는데, 이는 과거 사랑을 받고 싶었던 그들의 욕구가 처절하게 좌절당했기 때문이다. 이러한 이유로 그들은 아이에게 사랑을 분명하게 확인해주지도 못하고 아이에게 어떤 반응도 보내지 않는다. 그러면 아이는 홀로 외롭게 자신의 욕구 안에서 사랑해야 하며, 이런 행동이 무언가 잘못되고 뒤바뀌었다고 느껴야 한다. 이런 상태가 아이에게 초기의 수치심을 불러일으킨다.

그러다가 어머니는 아이의 사랑에 대해서 성적인 형태로 대답할 수도 있다. 예를 들어 어머니는 젖을 먹일 때 성적인 흥분을 느끼기도 하고, 아이와의 신체적 접촉을 통해서 에로틱한 자극을 받기도 한다. 이들은 나중에 심리치료를 받으면서 어린아이를 혼란시켰을 그런 경험을 알게 되면 심한 구토를 일으키곤 한다.

초기의 수치심은 흔히 자살시도와 자살의 원인이 될 경우가 많지만, 일반적으로 그것은 자신에게 해롭고 파괴적인 삶의 형태로 표현된다. 예를 들어 흡연, 폭음, 게걸스럽게 먹기, 자기소홀, 아슬아슬한 자동차 운전, 위험한 스포츠, 아무도 하기를 원치 않는 일 등으로 말이다.

초기의 수치심은 무엇보다 서로 상반되는 두 가지 가치, 즉 자기경멸과 인정받고 싶은 욕구가 동시에 사람을 지배하게 한다. 이때 사람들은 인정받고 싶은 욕구 대신 쉽게 쾌락에 빠질 수 있는데, 여기에는 죄책감이 동반한다. 그리하여 만일 한번이라도 자신에게 어떤 '즐거움'을 선사했다면, 기분 나쁜 죄책감이 지속되도록 그 기호식품을 지나치게 많이 소비하게 된다.

실제로 초기의 수치심은 아무리 노력해도 계속 더 노력하라고 충동질한다. 이런 방식으로 최고의 성과를 올리기도 하지만, 사람들은 이런 상태에서 그만두어야 할지 확신을 갖지 못하고, 더 잘할 수 있었다고 비판하기조차 한다. 이런 사람들은 자신을 괴롭혀서 세계 챔피언이나 올림픽 금메달을 따도록 부추기고, 출세하기 위하여 이를 악물고 분투한다. 그 결과 타의 추종을 불허할 만한 대형 스타로서 성공하기도 한다.

존재에 대한 수치심은 겉치레, 무대, 조명, 메달, 훈장, 증명서, 타이틀 등을 필요로 하고, 자신에 대한 회의는 성공에 중독되게 만들며, 열등감은 권력을 추구하고, 정신적인 빈곤은 물질적인 부로 보상받으려고 한다.

하지만 초기의 수치심을 가지고 있는 사람들은 실제로 성공하더라도 기쁨을 억제한다. 축하하거나 칭찬하고 표창을 주더라도 이들은 달갑게 받아들이지 않으며, 오히려 그와 같은 인정을 받지 않으려 하거나 대수롭지 않은 일로 일축해버린다.

"뭐, 제가 한 일이 그리 대단하지는 않아요."

"제 의무를 다했을 뿐인데요."

"당연한 일을 했습니다."

"됐어요, 그만 하세요!"

하지만 승자의 무대에 서면, 즉 영예를 부여받는 최고의 순간이 되면 마침내 이들도 눈물을 흘리며 진심을 털어놓는다. 그동안 감추고 있었지만, 이런 영예로운 순간을 맞이하기 위해 얼마나 힘들고 고통스러웠는지를 말이다. 이 사실을 밝히면서 그들은 몹시 당황해하고 부끄러워한다.

이런 사람들은 곧잘 한 가지 일에 성공하면 바로 새로운 목표를 향하여 노력하는데, 이렇게 되면 엄청난 성공에도 불구하고 초기의 수치심이 밖으로 표출되지 않는다. 이들은 마음속 깊은 곳에 숨어 있는 자신들의 상처를 잊기 위해 어떤 스트레스도 달게 받아들인다. 따라서 이들이 겸손하게 행동하는 것도 존재의 수치심을 방어하기 위한 목적에서이다.

이들은 대부분 생일 파티도 열지 않고, 선물을 거절하거나 일단 받아두었다가 나중에 자선행사 같은 것이 열리면 그것을 기부한다. 이런 사람에게는 스스로의 가치를 인정하고 축하한다는 것이 생각조차 할 수 없는 일로 느껴진다. 그래서 이들은 난처한 표정을 지으며 그 자리에서 도망치곤 한다. 또 매우 사소한 실수를 하더라도 자신은 무가치하다고 느끼며 경악에 빠지기도 한다.

또한 이들은 부모가 꾸중을 하면 위협적으로 받아들이고, 심지어 약간만 거절하는 태도를 취하더라도 마치 죽을 것처럼 괴로워한다. 뿐만 아니라 훌륭한 성적표에 '우'가 하나라도 있으면 심각한 우울증에 빠질 수 있고, 시험을 망치거나 첫사랑에 실패하더라도 자살까지 할 수 있다. 자신이 아무리 훌륭한 성과를 올렸어도 칭찬이나 인정을 여간해서 받아들이지 않는 이들이, 다른 사람으로부터 비판을 듣게 되면 뼛속에 사무치도록 고통스러워하고, 결국에는 지독한 자아비판을 하고 만다.

초기의 수치심은 많은 사람을 양보하거나 도망치게 만들고, 고독으로 몰아버린다. 이들은 만일 그렇게 하지 않으면 다른 사람에게 부담이 되거나 귀찮은 존재가 될까봐 두려워하는 것이다. 이들에게 있어 몇 가지 소원을 말하거나 심지어 요구를 하는 것조차 상상할 수 없는 일이며, 어떠한 경우에도 남의 눈에 띄기를 원치 않는다. 그리하여 재채기나 기침, 심지어 말소리를 크게 내는 것조차 주저하곤 한다. 특히 이들은 배설행위를 곤혹스러워해서 가능하면 소리도 내지 않고 냄새도 남기고 싶어하지 않는다.

이런 사람에게서 볼 수 있는 본질적인 특징은 조용하게 흐느끼기, 심신상관성 질환, 눈에 띄지 않는 태도, 지나친 겸손, 양보와 봉사이다. 만일 누군가 자신에게 어떤 단점이 있다고 말해주면, 이 단점이야말로 자신이 무가치하다는 사실을 확인시켜주는 증거라고 받아들인다.

또한 타인에게 도움을 요청하는 것은 불가능한 일로 보기 때문에, 애초부터 도움이 필요한 상태를 만들지 않으려 한다. 만약 그런 일이 발생한다면 이를 위협적으로 받아들인다. 심지어 병원에 가는 일마저 이들에게는 고통이지만, 반대로 다른 사람을 도와줄 준비는 항상 되어 있다. 그러나 만일 이들이 다른 사람에게 부담이 되면, 그들에게는 존재해야 할 최후의 이유조차 사라져버릴 것이다.

이 초기의 수치심이 부부관계에서 나타나면, 당사자는 상대에 비해 자신을 열등한 위치에 놓는다. 즉, 남편이든 아내든 초기의 수치심을 가지고 있으면 주로 가정에서 봉사하고, 괴로워하며, 자신을 괴롭히는 특징이 있다.

물론 이때 잊어서는 안 될 점이 있다. 부모로 인해 이미 체험한 경멸은 나르시스적인 증오심을 품고 있어서, 위기상황이 발생하면 그 증오심이 폭발해버릴 수도 있다는 것이다. 그리고 직장에서나 친구들 사이에서, 혹은 휴가 때도 초기의 수치심을 지니고 있는 사람들은 기본적으로 이런 입장에 있다.

'나는 아무 가치가 없고, 아무 쓸모도 없어. 어떤 사람도 나 같은 인간을 받아들이지 않을 거야.'

물론 이들은 종종 자신이 가치 있다는 경험도 하지만, 그런 경험은 모조리 무시해버리는 까닭에, 결국 그들의 자화상은 거절, 경멸, 비판으로 점철된다.

초기의 수치심을 가진 사람들을 살펴보면, 실제로 어떤 것에도 기뻐하지 않거나, 어떤 일에도 감격하지 않고 자신을 괴롭히기만 하는 사람들이다. 그들에게 삶은 부담스러운 짐인 탓에, 살면서 행복을 느끼지도 못한다.

기본적으로 이들은 긴장을 푼 채 느슨한 상태로 있지 못하며, 굳이 그렇게 해야 할 특별한 이유도 없으면서 잔뜩 긴장하고 심혈을 기울여 노력한다. 또 이들은 조심하고 불신하는 마음이 있어서 타인과 거리를 두는 편이고, 오히려 친밀한 관계를 위협적으로 받아들인다. 그리고 이런 사람들은 불쌍할 정도로 겸손하며 자기경멸까지 하기 때문에, 삶을 재미있고 활기차게 살거나 향유하는 것은 상상조차 할 수 없는 일이다.

이들은 흔히 남을 돕는 직업을 선택할 경우가 많고, 사회에서 별로 매력이 없는 힘든 일을 도맡아서 하는 편이다. 기독교적인 이데올로기로 자신의 불행을 미화시키거나, 만성질환에 걸린 채 끊임없이 인내하고 자신의 운명을 받아들이며 살아가는 경우도 많다.

수잔느는 원치 않는 아이였다. 두 살 위의 오빠, 그리고 바로 한 살 위의 오빠가 또 있었던 것이다. 그녀의 어머니는 수잔느가 태어나자 할일이 너무 많아졌고, 자신이 처해 있는 상황이 불만스럽기 짝이 없었다. 그리하여 수잔느는 남들보다 일찍 다른 사람의 눈에 띄지 않고 조용하게 사는 법을 배우게 되었다. 말하자면, 돌보기 편한 아이였던 것이다. 그녀는 모든 면에 있어 다른 아이보다 빨랐다(혼자서 대소변 가리기, 혼자서 옷 입고 씻기, 혼자서 먹기 등).

그녀가 태어난 지 4년 뒤에 여동생이 태어났을 때, 수잔느는 어린 나이였음에도 불구하고 동생을 어머니처럼 보살피는 일을 떠맡았다. 그녀는 일찌감치 울거나 떼를 쓰는 일은 포기했다. 왜냐하면, 그와 같은 행동에 어머니 혼자 신경질적으로 반응했기 때문이었다. 하지만 부지런히 돕고 혼자서 자기 일을 하자 어머니는 수잔느를 받아들였고 가끔 칭찬도 해주었다.

하지만 어머니는 힘들고 지치면 수잔느에게 자신을 더 도와주어야 한다는 핀잔을 주기도 했다. 그러면 수잔느는 죄책감을 느꼈고, 어머니 혼자 그토록 고생하게 내버려두는 것이 너무 가슴 아팠다.

수잔느가 불만을 해소할 수 있었던 가장 좋은 방법은 먹는 것이었다. 그녀는 어린 동생에게 음식을 먹이면서 남은 음식을 몰래 먹어치웠으며, 물론 이때 양심의 가책을 느꼈다.

그녀는 간호사가 되었고, 중환자실에 근무하면서 힘든 일을 꿋꿋이 잘 해낸 까닭에 사람들로부터 신뢰를 얻었다. 그런 그녀가 이제 환자들의 슬픈 운명을 더이상 느끼지 못하게 되었다. 싱글로 살던 그녀가 43세에 유방암 수술을 받은 후 심각한 우울증에 빠져서 내게 정신치료를 받으러 왔기 때문이다.

어디를 가도 편안하지 않아 — 초기의 고독 　우리는 흔히 길을 잃고 헤매는 나그네처럼 행동하는 사람들을 자주 본다. 그들의 시선은 대체로 불안하고 허공을 헤메는 경우도 드물지 않다. 이런 사람들은 타인의 주목을 받지 못하지만, 그와 같은 공허한 시선을 통해서 우리 눈에 띄게 된다.

우리는 가끔 파티나 모임, 혹은 백화점 같은 곳에서 무언가를 찾고 있는 듯한 불안한 시선과 마주칠 때가 있는데, 자세히 보면 누군가를 찾는 것도, 특정한 물건을 찾고 있는 것도 아니다. 이들은 누군가를 보더라도, 혹은 어떤 물건을 찾더라도 금세 이전의 불안한 시선으로 되돌아가는 것을 볼 수 있다.

어린 시절에 겪었던 고독, 이른바 초기의 고독이 성인이 되면 닻을 내릴 법도 하지만, 그 무엇이나 어떤 사람도 그렇게 해주지 못하는 것이다. 이런 사람과는 대화가 잘 통하지 않아서 사귀려고 해도 금세 관계가 끊어져버리곤 한다. 이들은 마치 현실에 존재하지 않는 사람 같고, 다른 세계에 홀로 떨어져 있는 것처럼 보인다.

어머니 외에는 그 누구도 그들에게 살아가는데 있어 가장 기본이 되고 중요한 존재의 타당성을 전달해줄 수 없다. 어머니가 무슨 생각을 하고 무슨 일을 하든, 아이를 수용하거나 거부하는 의사는 신체적 접촉과 시선, 다양한 태도를 통해 전해지기 마련이다. 이렇듯 어머니는 자신의 아이에게 거절의 뜻은 물론, 이해하지 못한다거나 신경질적으로 지나치게 많은 것을 요구한다는 뜻을 전달하게 된다. 비록 그녀가 자신의 이런 태도를 전혀 알지 못하거나 알고 싶어하지 않더라도 말이다.

반대로, 어머니가 아이에게 대놓고 욕을 하거나 불만족스럽다는 말을 하더라도 기본적으로 아이와의 생활에 만족해 하면, 그와 같은 어머니의 정서도 당연히 아이에게 전달된다.

애정이 풍부한 어머니는 아이가 고향에 있는 것 같은 느낌, 즉 기초적인 감정의 토대를 마련해준다. 하지만 어머니와 아이 사이에 근본적인 이해가 부족하면, 아이는 잠재적으로 존재에 대한 두려움을 갖게 되고 귀속감을 느끼지 못한다. 이런 아이는 어디에서도 편안함을 느낄 수 없게 된다.

만일 어린 시절 고향에 있는 듯 포근한 느낌을 가져보지 못한 사람은, 한평생 '바깥' 세상에 있는 어딘가 다른 곳에서 안주할 수 있으리라는 희망을 가지고 방황한다. 그리하여 조국, 고향, 민족과 같은 개념이 숭고한 가치를 얻게 되고, 종교적인 믿음은 독선이 되며, 정치적인 확신은 이데올로기가 된다.

민족주의, 인종주의, 근본주의라는 단어는 이들 개념이 가지고 있는 정치·사회적 원인 외에도, 심리적으로 내적인 고향이 없다는 사실을 말해준다. 다시 말해, 특정한 종교나 이데올로기에 귀속해 있다는 것을 지나치게 강조함으로써 마음의 고향이 없는 상태를 보상할 수 있다고 믿는 것이다.

어떤 것이 실제로 위험하다는 사실을 직접 체험했거나, 다른 사람들이 위험하다고 말해주었거나, 또는 위험할 것이라고 상상하게 되면, 사람들은 이미 오래 전부터 문제 삼고 있었던, 이른바 자신의 존재에 대한 의문이 일리 있다고 보게 된다.

이런 관점에서 볼 때 나는 다음과 같은 추론을 할 수 있다. 즉, 수많은 사람들은 그들이 열렬히 원해서 전쟁을 치렀을 뿐 아니라, 그와 같은 전쟁들을 필요로 했을 것이다. 다시 말해, '감정의 정체상태'를 진정시키려는 목적에서뿐 아니라, 결국 몸에 부상당하고 마음에 상처받기 위해서, 그리하여 이미 오래 전에 경험했던 상처 입은 마음에 눈에 보이는 그럴 듯한 외적인 이유를 붙여주기 위해서 전쟁을 필요로 하는 것이라고 생각한다.

독일 사람들은 황당한 믿음, 즉 자신이 다른 민족에 비해 더 가치 있으며, 그들을 지배하거나 파괴해도 된다는 믿음을 가지고 범죄를 저질렀는데, 사실 그것은 한마디로 과대망상이다.

어린 시절, 마음에 상처를 입거나 장애를 입은 사람은 흔히 자신을 구하겠다는 보상심리로 그런 과대망상에 사로잡히곤 한다. 그들이 하는 행동이 비인간적인 이유는, 바로 과거 자신들의 운명을 다시금 무대 위에 올려서 완성하겠다는 무의식적인 욕구의 결과라고 볼 수 있다.

삶의 공간이 없는 민족 — 지리·경제적 은유처럼 들리는 이 표현은 사실 어렸을 때 존재의 타당성을 문제 삼았던 것을 가리키는 은유이다 — 이란 구호를 외치던 독일 민족은 살인적인 힘으로 그들의 공간을 넓히기보다 오히려 상실하고 말았다. 물론 경제적 손실을 입었을 뿐 아니라 명예와 가치, 인간성까지 상실했다.

유일부이한 자신의 삶을 인정받지 못한 사람들은 끊임없이 위협을 느끼면서 한평생을 살아가고, 불신과 편집증에 걸린 사람처럼 반응하며, 심각할 경우 광적인 살인자가 되어 사람들을 마구 죽이기도 하고, 때로는 자기증오심으로 인해 자신의 운명을 다른 사람들에게 맡기려고 한다.

따라서 전쟁의 무의식적인 목표는 필연적인 승리도 아니며, 국민 앞에서 공공연하게 밝히는 정치 · 경제적 이유는 더더군다나 아니며, 이미 오래 전에 체험했던 자신의 존재에 대한 패배를 재현한 것일 뿐이다. 왜냐하면, 어떤 전쟁에서도 죽음과 상실은 확실하게 일어나기 때문이다.

이처럼 마음속에 들어 있는 현실이 외부세계를 형성하는 것이다. 이런 성향은 수많은 평범한 사람에게서도 찾아볼 수 있는데, 이들은 결혼을 하지만 결국 배우자 때문에 괴로워하고, 일자리(사장)를 찾지만 결국 사장은 그들을 개처럼 다룬다. 다시 말해 이런 사람들은 어디를 가든, 누구와 관계를 맺든, 집처럼 편안하게 느낄 수 있는 곳을 찾지 못한다. 처음에는 도취상태에서 사랑에 빠지고, 한껏 매료당하고, 새 출발의 기운을 듬뿍 느끼지만, 정신을 차리면 곧 현실에 실망하고 만다.

어머니는 자신도 모르는 사이, 아이에게 삶을 긍정한다는 뜻을 전해줄 수 있고, 반면에 삶을 부정한다는 뜻을 전해줄 수도 있다. 물론 어머니 스스로는 자식에게 삶을 부정한다는 뜻을 전달할 수 있는 사람이라고 믿지 않기 때문에, 그런 일은 불가능하다고 여길 수도 있지만 말이다. 어머니는 아이에게 삶의 이유와 발판을 선물하거나, 혹은 파멸과 고독을 선물한다. 만약 어떤 아이가 후자의 경우를 당하면, 어른이 되어서 순조롭게 인간관계를 맺지 못하며, 가능하면 싱글로 살면서 인터넷으로 채팅이나 할 것이다.

오늘날 이런 사람들이 점점 늘어나고 있는 추세이다. 마음의 고향을 잃으면 사람들은 유연함과 유동성, 익명성과 교환성을 받아들이게 된다. 심지어 이런 것들에 중독되기도 하는데, 이는 내면의 고독을 외적이고 어느 정도 속박이나 의무가 없는 현대적인 인간관계로 바꾸기 위해서이다.

언제나 무언가를 찾고 있어 ― 채워지지 않는 그리움   만일 어머니의 애정이 미약하고 아이의 욕구를 잘 파악하지 못하면, 아이의 자기체험은 제한되고 왜곡된다. 아이는 어머니에게 충분히 인정받지도 못하고 만족도 얻지 못한 상태에서 자라나게 되는 것이다. 이로써 아이의 그리움은 채워지지 않고, 내면의 공허한 상태는 이를 보상할 수 있는 수단과 가능성을 밖에서 찾게 된다.

어머니가 줄 수 없었던 것은 영원히 그리움의 대상이 된다. 하지만 그와 같은 것을 찾으려다가 발견하는 모든 것들이 그리움을 채워주지는 못한다. 그리하여 이런 사람들은 늘 '이건 아냐!'라고 생각하며 영원히 찾아 헤매기만 한다.

이런 식으로 세월은 마치 병원의 대기실에 앉아 있는 것처럼 불안하게 흘러가고, 사람들은 진정한 삶을 놓쳐버렸다는 불안에서 벗어나지 못한다. 이들은 앞으로 일어날지도 모를 어떤 것을 기다리는 희망에 가득 차 있어서 모든 것을 일시적으로 대하지만, 그 '어떤 것'이 정확하게 무엇인지조차 모를 때도 있다.

이런 사람들은 어떤 성공을 해도 만족하지 못하며, 어떤 결과가 나오더라도 긴장을 해소하지 못한다. 이들은 새로운 것은 무엇이든 시험해보며, 자신에게 제공되는 제안들에 매혹당하고, 충고와 지도를 받아들이며, 이런 것들을 마치 물과 빵처럼 소중하게 여긴다. 즉, 내적으로 존재하지 않는 것을 외부에서 열심히 찾는 것이다.

내적인 공허함은 무엇으로든 채울 수 있지만, 이들이 가장 중요하게 생각하는 것은 채워지지 않은 그리움을 회피하는데 있다. 그리하여 사악한 일, 상처받는 일, 굴욕감, 낙담도 참을 수 있으며, 무가치한 것과 진부한 것도 그들에게는 의미가 있을 수 있다. 만약 그와 같은 그리움을 잊게만 해준다면, 이들은 거짓과 허위도 숭배하고 끔찍하고 미친 짓조차 환상적으로 받아들인다.

이렇듯 끊임없이 무언가를 찾는 사람들은 상품의 사용가치를 시장가치로 바꾸고, 새로운 제품에 금세 신경을 쏟으며, 유행을 따라가기 위해 온 열정을 바친다. 한마디로 겉모양이 이들의 삶을 결정하는데, 이는 내적인 것을 망각하기 위해서이다. 또한 이들은 마음속에 들어 있는 사적인 말을 하지 않기 위해 눈에 보이는 것들에 대해서만 몇 시간이고 이야기할 수 있다.

무언가를 찾는 사람들은 텔레비전 앞에서 살며, 인터넷에서 서핑하고, 백화점을 헤매고 돌아다닌다. 이들은 마침내 지쳐서 스스로 손을 들 때까지 자신이 오래 전에 잃어버린 것을 언젠가 찾을 수 있으리라는 환상에 사로잡혀 있다. 그리고 무언가 재미있는 일로 기쁨을 느끼더라도 금세 실망하고 만다. 현재의 만족이 과거의 부족함을 채워주느라, 기쁨의 양이 반으로 줄어들었기 때문이다.

이런 형편이니, 어떤 사람을 사귀어도 이들은 만족하지 못한다. 이들은 남자친구 혹은 여자친구를 아무리 바꾸더라도 실망만 할 따름인데, 이것은 무의식적으로 어머니에 대한 그리움을 상대가 대신 채워줄 것이라 기대하기 때문이다. 그리하여 그 기대에 어긋나면 상대에게서 도망을 치고, 새로운 여자 혹은 남자를 만나면 가능할지도 모른다는 환상을 품는다.

이런 사람들은 자신이 성취할 수 있는 것을 발전시켜 즐기는 대신, 이루지 못한 것에 대하여 괴로워하며 한탄한다. 충족되지 못한 그리움은 현실에서 가능한 것을 지나쳐버리게 만들고, 작은 행복을 무시하도록 하며, 영원히 잃어버린 희망을 위해 휴식 없는 삶을 살도록 선물한다.

늘 모든 것이 부족해 – 초기의 애정결핍   사랑은 무엇으로도 대신할 수 없다. 하지만 사랑의 결핍으로 인해 생긴 깊은 상처에서 도망치다가 많은 것을 얻을 수는 있다. 하지만 이 중 그 어떤 것도 결핍을 충분히 채워주지는 못한다. 그러므로 초기의 결핍을 가진 사람들의 기대와 요구수준은 결코 만족하지 못한 상태로 점점 높아져 간다. 비록 성공을 거두더라도 이들은 성공했다는 사실을 인식하지 못하는데, 노력하는 것이 언제나 당연한 일이 되었기 때문이다.

이렇듯 늘 불만족스런 상태는 한 가지의 해결책만을 제시하는데, 바로 계속해서 더 많은 노력을 하라고 부추기는 것이다. 그리하여 중독으로 향하는 길이 닦여진다. 이 점을 이해하는 것이 중독된 사람들을 이해하고 이들을 치료할 때 제일 중요한 인식이다. 다시 말해, 사람들을 중독되게 만드는 것은 '마약'이 아니라, 결핍이 있는 사람들이 늘 중독된 것처럼 행동하기 때문이다. 이는 그들이 결코 받아보지 못했던 것을 충분히 얻으려고 하는, 이른바 끝나지 않는 탐색의 길이라고 할 수 있다.

중독을 일으키는 모든 것들, 알코올에서부터 일에 이르기까지, 강한 마약에서부터 돈에 이르기까지, 심지어 음식, 섹스, 게임에 이르는 모든 것들은 충족되지 못한 초기의 사랑 결핍을 벗어날 수 있도록 해준다. 힘들게 일을 하든, 고통스럽게 마약을 향유하든, 혹은 마취 상태에 빠져 있든, 어쨌거나 그 순간에 사람들은 어린 시절의 고통에서 벗어날 수 있는 것이다.

'충분히 갖지 못하는 것'은 모든 것을 '마약'으로 만든다. 결코 충분히 갖지 못한다는 것 자체가 이미 중독으로, 개인이 무엇을 하고 어떠한 성공을 거두든 이 모든 것은 중독되도록 만드는 마약이다. 예를 들어 잃어버린 사랑은 어떤 노력으로도 획득할 수 없고 그 무엇 또는 어떤 사람으로도 보상할 수 없기 때문에, 사람들은 늘 부족한 상태에서 살아간다. 또한 배우자의 사랑도 어머니의 사랑을 대신하지 못한다.

'결코 충분히 갖지 못하는' 많은 사람들은 공동체를 고질적인 질병을 앓는 사회로 몰아가버린다. 즉, 더 많이, 더 넓게, 더 빨리, 더 높이, 더 좋게, 더 잘사는, 더 건강하고, 더 행복한 사회로 점점 몰고 가는 것이다. 하지만 자연은 순환하고 삶에는 리듬이라는 것이 있다. 다시 말해, 그림자의 측면도 제거할 수 없다는 말이다. 따라서 적고, 좁고, 느리고, 낮고, 나쁘고, 가난하고, 병들고, 불행한 것도 모두 정상적인 삶에 속한다.

그러나 불쾌한 어린 시절의 경험을 기억하지 않기 위해서 이처럼 어두운 측면에 속해 있는 경험들을 부인하고 받아들이지 않는다면, 결과적으로 삶의 중요한 다른 부분을 무시하게 되는 결과를 가져온다. 이는 삶의 진정한 모습이 아니라 오도되고 잘못된 모습만을 양산해낼 뿐이다.

하지만 어린 시절에 풍부하게 사랑을 받은 사람들은, 그와 같은 고질적인 질병에 걸리지 않도록 면역된 사람이라 할 수 있다. 이들은 기본적으로 공허한 느낌이 없으며, 그런 느낌이 없으므로 무엇으로든 가득 채울 필요가 없다. 또한 어릴 때 사랑을 받은 경험은 기초적으로 만족스런 상태를 만들어놓기 때문에, 이 기반 위에서 다른 모든 욕구들이 필요에 따라 생겼다가 사라지곤 한다. 그러므로 이런 경우에는 다른 특정한 욕구가 부족했던 초기의 사랑을 대신해서 채워주어야 하는 부담도 없다.

어린 시절 어머니가 채워주지 못한 사랑은 냉장고, 술병, 침대, 금고에 없고, 아무리 기도해도 생겨나지 않는다. 어머니의 애정결핍을 느끼지 않는 사람만이 자신의 다른 가능성을 모두 마셔버린 채 곤드레만드레 취해 있지 않을 것이다.

누가, 무엇이 나를 행복하게 해줄까 — 지속되는 종속성 　드러나거나 느껴지는 것을 원하지 않는 모성애 결핍은 사람들을 외적인 것에 종속되게 만든다. '훌륭한 어머니'는 마음속의 심판관이 되어 어떤 행동을 인정해주거나, 허락하거나, 또는 욕구를 만족시켜주는 역할을 맡지 않는다. 즉, '훌륭한 어머니'가 나에게 보여주었던 사랑의 방식과 나에게 준 선물을 그저 나의 것으로 만들면 되는 것이지, 굳이 그녀에게 종속될 필요가 없는 것이다.

어머니를 통해서 '사랑의 순환'이 무엇인지 알게 되고, 그것을 바탕으로 나 스스로 사랑하는 능력을 발전시킬 수 있으며, 욕구를 만족시킬 수 있는 다양한 가능성을 배울 수 있다.

하지만 이런 학설을 대부분의 어린이에게 적용하는데 문제가 있다. 비록 이 아이들이 사랑하고 욕구를 만족시키는 방법을 어머니에게 배웠다 하더라도, 이들은 만족을 약속해주는 사람이나 물건, 사건에 종속되어 있다. 이는 기본적으로 누군가를 통해서 혹은 어떤 것을 통해서 행복해질 수 있으리라는 희망을 가진 사람은 내적으로 불행하다는 것을 말해준다. 외적인 것을 통해서 좋은 효과를 얻거나, 아니면 적어도 고통스러운 결핍상태는 잊을 수 있다는 망상에서 벗어나야 한다는 뜻이다.

'행복을 가져다주는 누군가'가 아무리 뛰어나다 하더라도, 초기의 불행이 내면에 감추어져 있으면, 구속에서 해방시키고 욕구를 만족시켜주는 그런 작용이 일어날 수 없다. 그러면 초기의 수치심과 충분히 사랑받지 못했다는 확신은 어떠한 인정을 받더라도 금세 질식해버리고 만다.

이들은 그처럼 항상 반복해서 실망하게 되지만 자신들에게 내적으로 무언가 결핍되어 있다는 인식을 하는 것이 아니라, 좀더 나은 '구원자'를 찾을 수 있을지도 모른다는 생각을 한다. 그리하여 이들은 물건을 숭배하고, 단순한 말을 마치 대단한 예언처럼 받아들이며, 암시를 거는 사람의 영향에 쉽게 빠져들고 만다.

마음의 결핍은 소비제품에 특별한 가치를 부여하고, 예술가를 스타나 우상으로 미화시키며, 카리스마가 있는 인물을 지도자나 구원자로 만들어버린다. 그럼으로써 내적인 불행은 쉽게 환상으로 변하고, 시험에 들어 미혹에 빠지는 것이다.

어린 시절 충분한 인정과 만족을 얻지 못한 사람은 눈길을 외부로 돌린다. 이를테면, 참을 수 없이 고통스러운 내면으로부터 고개를 돌려 욕구를 만족시켜줄 다른 외적인 가능성과 기회를 찾는 것이다. 내적으로 방향을 잃어버리고 자신과 더이상 접촉을 하지 않으면, 정말 자신이 원하는 것이 무엇이며, 자신에게 무엇이 좋고 좋지 않은지에 대해서도 더이상 알지 못한다. 그리하여 이들은 타인이 시키는 대로 따르는 편이다. 때문에 항상 누군가가 옳고 그름이나 어떻게 행동해야 하는지를 말해주어야 한다.

사람의 바람이 투영된 물건에는 사람의 특성과 능력(이런 물건들은 신선함, 젊음, 활동력, 명성, 성공, 건강을 약속한다)이 부여되고, 인정받지 못한 결핍은 권력자에게 지나치게 많은 권력을 안겨주며, 사랑받지 못한 경험은 사랑하는 사람을 만날 때마다 헛된 희망을 품게 만든다. 물론 사랑하는 사람에 대한 이런 기대는 매번 실망으로 끝나고, 결국 서로 증오하면서 헤어지는 경우가 많다.

외부로부터 인정받고 만족을 얻으려는 이 같은 종속적인 태도로 인해 세상은 공허감이 맴도는 운동장으로 변하고 있다. 또한 그로 인해 세상은 출세와 성공을 노리는 자들의 전쟁터로 탈바꿈하고 있으며, 군부의 인물이나 근본주의자 혹은 극단주의자 가운데 선동자가 앞장서서 전진을 외치는 장소로 변해가고 있다.

초기장애가 사회 전반에 미치는 영향

지금까지 나는 모성애 장애가 훗날 개인에게 어떤 결과를 가져오는지에 대해 얘기했다. 즉, 아이들이 성장하면, 장애를 보상할 수 있는 무언가를 찾거나, 그렇지 않으면 '정상적'이라는 상태에 숨으려고 한다. 이제 나는 그와 같은 초기장애가 사회의 공동문화에 어떤 영향을 끼치는지 보여주겠다.

나는 늘 내 '돼지'를 이용해   모성애 결핍과 모성애 장애는 아이에게 매우 위협적인 경험이다. 아이들이 그 같은 결핍과 장애를 철저하게 인식하고 지각하지 못하는 만큼, 그로 인해 발생하는 효과는 더욱 위험한 것이다.

사람의 마음에는 초기의 심리적 상처를 부인하고 살아남을 수 있게 도와주는 기능이 있다. 하지만 매번 깊은 상처로 인해 생기는 위협적인 느낌, 경악, 분개, 증오, 고통스러운 충격은 그런 기능을 사용하더라도 사라지는 것이 아니며, 의식 속에 숨어 있을 뿐이다. 그런 충격이 언어적인 표현으로 나타나기도 하고, 상징적 기억이나 신체와 연관된 기억으로 나타나기도 한다.

이런 기억은 그 즉시 이해할 수 없는 형태(흔히 신체에 나타나는 신경성 증상)로 나타나거나, 스트레스 상황에서 표출되기도 한다. 또 마음을 편안하게 해주는 테크닉(심호흡, 명상 등)을 사용하는 등 적당한 치료법을 동원하면 금세 반응한다.

나는 앞으로 '감정의 정체상태' 라는 은유를 통하여, 초기의 사회·심리적 장애와 마음의 상처는 감정적으로 이해해야 한다는 점을 얘기할 것이다. 그렇게 하지 않으면, 해결되지 못한 감정의 퇴적물은 다양한 질병과 성격장애를 가져오는 원인이 되고, 이로 인해 또다시 해결하지 못할 수수께끼 같은 감정의 찌꺼기들이 생겨나서, 우리의 에너지를 잔뜩 소비하게 만들 것이다.

공격적이고 난폭하기 그지없는 긴장감을 계속해서 조금씩 밖으로 배출할 수 있는 가장 좋은 방법이 있다. 가령 '나는 늘 내 〈돼지〉를 이용해!' 라는 놀이를 하는 것이다. 여기서 말하는 '돼지' 란 바로 우리의 마음에 상처를 입혔다고 믿는 사람들이다. 그러므로 특히 배우자, 자녀, 못된 시어머니, 성가시게 하는 이웃, 부당한 상사, 나와 다른 식으로 생각하는 사람, 사회적인 약자, 이방인 등이 적합한 인물이 되겠다.

이 놀이는 흥분하고 화를 내기 위해서, 이미 오래 전부터 쌓여 있던 분노를 마음껏 발산하기 위해서, 모든 사람에게서 발견할 수 있는 실수나 약점 혹은 이미 저지른 나쁘고 사악한 행동을 이용하거나 과장하는 것이다.

배우자 때문에 느끼는 엄청난 고통, 사소한 일로 벌어지는 이웃 사람과의 격렬한 싸움, 직장의 사장이나 상사, 공공기관의 공무원, 정치적인 권력자로부터 끊임없이 황당한 일이나 착취를 당해서 생긴 모욕감에서부터 그들을 향한 비이성적인 증오까지, 또는 외국인에 대한 설명할 수 없는 폭력 등, 이 모든 것은 사람들의 마음속에 들어 있는 공격성의 뿌리가 반드시 은폐되어 있어야 한다는 심리적인 '필연성'을 설명해주는 것이다.

사실 오늘날 범죄를 저지르는 사람 가운데 한때 희생자가 되어보지 않은 사람은 한 사람도 없을 것이다. 어린 시절 마음의 상처를 받지 않은 사람은 위기상황이나 위험에 처했을 때를 제외하곤 절대로 폭력을 사용하지 않는다. 왜냐하면 그들은 인간적인 교류, 상호작용, 연대감 등에 관심이 있을 뿐 극단적인 거리감과 파괴적인 경멸에는 관심이 없는 까닭이다.

따라서 마음속까지 모욕을 당하고 자신이 아무런 가치도 없는 인간이라는 경험을 해본 사람만이 폭력을 휘두르고 살인자가 된다. 마음속에 존재하는 전쟁터에서 실제로 사회라는 전쟁터로 나아갔을 때 재미를 느끼는 까닭에, 총을 쏘고, 폭탄을 터뜨리고, 불을 지르고, 강간을 하면서 즐거움을 느낀다.

크리스티나는 남편에게 자주 맞았다. 그녀는 자신이 어머니가 퍼부은 저주의 희생자라는 사실을 깨닫게 될 때까지, 술을 먹고 때리는 잔인한 남편 때문에 몹시 괴로워했다. 어머니는 딸에게 '아무도 널 데려가지 않을 거야!'라는 저주의 말을 계속 퍼부었다고 한다. 실제로 그녀는 그 말을 행동으로 옮기는 남자에게 사랑을 느꼈다. 바로 자신을 학대하는 남자 말이다. 게다가 그녀가 알게 된 사실은, 남편이 더이상 참지 못하고 마침내 폭력을 휘두를 때까지 그녀가 남편에게 약을 올린 적이 자주 있었다는 점이었다. 그리하여 남편이 때리기 시작하면, 그녀는 열정적으로 욕을 퍼부을 수 있었고, '돼지 같은 놈'이라고 외칠 수 있었던 것이다. 그녀는 이런 생활을 18년 간이나 해왔다!

수잔느는 이타적이고 겸손했으며, 자신을 희생하는 삶을 살고 있었다. 그러던 어느 날, 그녀는 우울증에 빠지게 되었다. 원인은 직장에서 당한 모욕감 때문이었는데, 한 여자동료가 자신보다 먼저 승진을 했던 것이다. 이 동료는 자신보다 일을 훨씬 못했지만, 성적으로 더 매력적이고 더 여우 같은 여자였다. 그리하여 수잔느의 마음속에서는 이미 오래 전부터 익숙하게 자리잡고 있던 무력감과 절망감이 되살아났다.

이로 인해 그녀는 자신의 직장인 병원이 자신에게 늘 부당한 대우를 했으며, 아무리 열심히 일해도 제대로 평가할 줄 모른다는 느낌이 들었다. 이 때문에 그녀는 원장을 증오하고 경멸했으며, 마음속으로 '여자나 밝히는 더러운 놈'이라고 욕설을 퍼부었다.

심리치료를 하면서, 그녀는 우울증에 걸려서 고생하던 그녀의 어머니가 집안일과 동생들을 돌보는 일을 도와주어야 한다고 누차 강조해서 얘기한 사실을 떠올리게 되었다. 그 일을 도와주면 어머니는 가끔 그녀의 머리를 쓰다듬어주었는데, 사실 수잔느가 기억하는 한 이런 행동이 어머니와의 유일한 신체적 접촉이었다. 수잔느의 머리를 쓰다듬어주면서 어머니는 이렇게 말했다.

"글쎄 말이야, 네가 없었다면 어떻게 되었을지 모르겠네. 이 많은 일을 어떻게 나 혼자 할 수 있었겠니?"

이 말은 그야말로 수잔느의 삶의 방향을 제시해주는 암시와 같았다. 즉, 다른 사람을 위해서 살아가야 한다는 내적인 원동력이 되었던 것이다. 물론 그녀는 주변에서 그렇게 많은 인정을 받지 못했기에 직장을 그만둘 뻔한 적도 있었다. 그리고는 점점 모든 것이 너무 힘들고 부당하다는 생각이 들기 시작했다. 특히 동서독의 통일이 이루어진 뒤, 과거의 동독 땅에는 매니큐어를 칠한 서독출신의 여자들만 이득을 취할 수 있고, 겸손하고 소박한 동독출신의 여자들에게는 아무런 이득도 주어지지 않는다고 그녀는 생각했다.

너의 책임이야   위급한 순간에 사용했던 '나는 늘 내 〈돼지〉를 이용해!'와 비슷하게, 종류를 불문하고 모든 인간관계를 중독시키는 방법은 '네 책임이야!'라고 말하면서 살아가는 방식이다. 한 사람이 처할 수 있는 모든 긴급상황, 위기, 불행 등에 대하여 책임을 물을 수 있는 사람을 찾아서 지명하는 방법인데, 이는 자신에게도 어느 정도 책임이 있다는 사실을 인정하지 않기 위해서이다. 그리하여

한 사람에게 실망, 모욕, 경멸, 부당함이 가해지게 되지만, 정작 희생자는 자신에게 그런 책임이 없으므로 진짜 범인을 찾기 위해서 투쟁을 벌인다.

물론 이처럼 자신이 옳다는 것을 증명하기 위해 노력하는 가운데, 자신이 정말 모성애 중독의 희생자였다는 사실이 어렴풋이 드러날 수도 있다. 이런 맥락에서 보면 '네 책임이야!'라는 말은 맞는 말이기도 하다. 만일 그 표현이 어머니의 역할을 제대로 해내지 못한 어머니를 두고 하는 말이라면. 그렇다 해서 그런 표현을 사용해서는 절대로 안 된다. 그런 식으로 다른 사람에게 책임을 떠넘기면, 부당하게 그 사람을 범인으로 낙인 찍어버리는 결과가 된다.

그와 같은 표현을 사용하면 비극은 이중으로 일어난다. 우선 '네 책임이야!'라는 카드를 가지고 이길 수 있는 게임을 하는 놀이꾼은 자신의 불행에 대하여 반드시 알아야 하는 진실을 깨닫지 못할 수 있다. 다른 한편, 그렇게 함으로써 죄 없는 사람을 추궁하고 부담을 준다는 것이다. 이런 종류의 표현을 한번 나열해보겠다.

"너 때문에 우리는 이혼하게 되었어."

"너는 나를 행복하게 해주지 않아."

"네가 우리 집에 들어온 이후로 문제만 생기고 있어."

"네가 없다면 나는 지금 훨씬 더 잘 나가고 있을 텐데."

"너 때문에 내 출세길이 막혔어."

"네가 먼저 시작했잖아!"

"이 나라에서는 내가 대학을 다닐 필요가 없어."

"외국인들이 일자리를 다 빼앗아갔어."

"저번 정부는 우리에게 빚만 잔뜩 남겨놓았어."

"그것은 조폭이나 하는 짓이야!"

이런 방식으로 살 때 이득을 보게 되는 부류로 변호사, 정치적인 반대당, 국방산업뿐 아니라 개인도 있다. 어떤 개인이냐 하면, 자신이 얼마나 해롭고 위험하며 공격적인지 알 필요가 없고, 자신의 마음이 얼마나 약하고 부족하며 상처를 잘 받고 편협하며 굴욕감을 잘 느끼는지 알 필요가 없는 사람들이다. 이들은 자신이 즐겁게 살지 못하고 자아를 발견하지도 못하는 이유는, 어린 시절에 억압받은 결과가 아니라, 그렇게 만든 책임이 있는 사람을 찾지 못했기 때문이라고 생각한다.

이런 개인이 진심으로 바라는 일들이 있다. 가령, 두 사람의 관계가 좋아지려면 배우자가 조금만 변하면 된다는 것이다. 혹은 지금 자신과 싸우고 있는 상대가 스스로 부당하다는 점을 알아야 하며, 그렇지 않다면 변호사를 부를 수밖에 없다고 생각한다. 그리고 정치적으로 자신과 반대입장을 취하는 정치가는 사기꾼에 거짓말쟁이며 인생의 낙오자이므로 반드시 제거해버려야 속이 시원해진다. 또한 적은 매우 위험하며 자유를 위협하므로 당연히 없애버려야 한다고 보고, 이런 사람들이 없어지기를 간절히 원하는 것이다.

어머니에게 복수를 한다는 것은 결코 실행할 수도 없을 뿐더러 감히 상상조차 할 수 없는 까닭에, 이들은 비이성적이지만 좀더 효과적인 표현방식을 발견하여 복수를 하게 된다. 즉, 흥분과 격정의 정도에 따라서 결정되는 복수의 강도는 사건을 과장하고, 인간관계를 죽이며, 삶을 중독시킨다. 이렇게 하여 폭동을 정당화시키는 이론들이 무성하고, 편견과 편집증적인 불신이 쏟아져나오며, 희생양을 사냥하거나 적을 만들게 된다.

이런 사람들은 어린 시절에 체험했던 위협으로 인해 두려움이 잠재되어 있으므로, 공포와 두려움을 분출시킬 수 있는 그런 인간관계와 상황을 찾게 된다. 이들은 적을 정해 '합선이 일어나듯' 순간적으로 분노를 터뜨리고, 마음속의 진실을 감춘 채 사람들과 거리를 유지한다. 왜냐하면, 사람들과 그리 친밀한 관계를 만들지 않으면 자신의 애정결핍이 눈에 띄지 않을 것이고, 오래 전부터 무언가 부족했던 기대는 온전한 상태로 보전되며, 실망에서 얻게 된 분노는 무의식 속에만 머물러 있기 때문이다. 물론 이 분노는 약간의 계기라도 생기면 쉽게 외부로 터져나올 수 있다.

아, 삶은 힘들어　칼 하인츠는 어머니가 자신을 어떻게 키웠는지에 대해 얘기해주었다. 어머니는 그를 오랫동안 보살피지 않았고, 젖도 제대로 주지 않았다고 했다. 그야말로 건성으로 돌보았다는 것이다. 칼 하인츠는 자신의 삶을 분석하는 가운데, 어머니가 처해 있던 상황을 좀더 분명하게 알 수 있게 되었고, 삶에 실망하여 체념을 일삼았던 어머니가 자신과 자신의 발달과정에 어떤 영향을 주었는지도 이해할 수 있게 되었다.

그는 도무지 즐거워할 수 없었고 자신에게 무언가를 베풀지 못해서 고통을 겪었다. 만일 무언가 즐겁고 기쁜 것을 체험하거나 성공하면 양심의 가책을 느꼈고, 그렇지 않으면 무의식적으로 불편하고 부담스러우며 슬픈 장면들을 떠올리곤 했다. 그리하여 마음속으로 수천 가지나 되는 불행한 장면들을 연출해낼 수 있을 정도가 되었는데, 지금까지 자신이 그렇게 하는 이유를 몰랐던 것이다. 다시 말해, 그는 이 모든 것이 삶은 힘들다고 말한 어머니의 그 속삭임, 그 은밀한 선동과 관련이 있다는 것을 모르고 있었던 것이다.

그는 칭찬을 듣고 나면 비틀거리면서 넘어지거나 다쳤고, 뜨거운 커피 잔을 바지에 쏟기도 했다. 누군가 자신에게 관심을 가지고 다가오거나 혹은 그의 일에 관심을 보이면, 실수를 해서 그 사람이 결국 화가 나도록 만들었다. 휴가를 가면 지갑을 잃어버리고, 중요한 초대를 받으면 날짜와 시간을 혼동하고, 박사논문은 몇 년씩 끌다가 결국 끝을 내지 못했다. 그리고 나서 그는 삶이 힘들다는 한탄을 늘어놓았다.

많은 사람들은 이렇듯 삶의 부담감을 안고 살아가는데 자신의 세계 상, 즉 삶이란 힘들다느니 혹은 자신이 성공하는 것은 불가능하다느니 하는 세계상을 마음 내키는 대로 조정하고 싶으면 그와 같은 삶의 부담을 강조하거나 이용할 수 있다.

비만, 흡연, 지나친 음주, 일중독, 지저분한 방, 해결하지 못한 과제들, 기한이 별로 남아 있지 않은 임무와 같은 것들은, 자신이 의욕 없고 행복하지 않다는 것을 언제라도 대신해서 보여줄 수 있는 멋진 수단들이다.

이처럼 고통을 대신해서 표현해주는 방법은 사람들에게 널리 알려져 있어서, 이를 보고 타인은 관심이나 동정심을 가질 수 있다. 끊임없이 다이어트를 시도하고, 술을 끊겠다, 주변을 정리하면서 살겠다, 이번에는 기한을 꼭 지키겠다고 자신에게 수도 없이 약속하고, 그리고 이 약속을 다시금 지키지 않는다면, 자신의 삶을 이보다 더 어렵고 힘들게 만들 수 있는 방법이 어디에 있겠는가?

가령, 진정으로 살을 빼고 싶은 사람은 다이어트가 아니라 장기간에 걸쳐서 식단을 바꾸고 운동을 함으로써 그렇게 할 수 있을 것이다. 하지만 기본적으로 빼야 할 지방이 비록 1그램이라 하더라도 슬픈 과정을 거쳐서 빼야 한다. 왜냐하면, 살을 빼는 행위는 이미 오래 전부터 존재하고 있던 모성애 빈곤을 상징하기 때문이다.

모성애 장애의 결과이자 어머니가 "삶은 힘들어!"라고 속삭인 결과로써 얻게 된 비만은, 소위 말해서 아이가 처한 물질적인 위기이며 충족되지 않고 있는 결핍을 숨기기 위한 것이다.

또한 비만은 내적인 고통이 공개되는 것을 막아주는 지방으로 이루어진 방어막이자, 타인이 사랑스럽게 접근할지도 모른다는 공포를 막아주는 방패인 것이다. 사람들은 뚱뚱하면 자신이 매력 없고, 역겨우며, 못생기고, 사랑스럽지 못하다고 느낀다. 바로 이런 방식으로 그들은 어머니로부터 거부당한 초기의 경험을 재현할 수 있다. 모성애 결핍으로 겪은 고통을 그런 식으로 누그러뜨릴 수 있으며, 자유롭고 재미있게 살지 않기 위해 지속적으로 문제를 만들어낸다. 왜냐하면, 어머니가 누차 말했듯이 삶은 힘든 것이며, 사람들은 감히 어머니가 틀렸다고 말할 수 없는 것이다!

'나는 기뻐하면 안 돼, 나는 스스로에게 자부심을 느껴서도 안 돼,

나는 성공해서도 안 돼, 나는 여유를 즐겨서도 안 돼.' ― 이렇게 생각하면 정말 불행한 일이 일어나고, 모든 일은 실패한다!

이런 공식이 바로 불행한 어머니의 영향을 받아서 힘들게 살아가는 사람들의 모습이다. 이런 공식에 얽매여 살아가는 사람들은 실제로도 매우 힘들게 산다. 이들은 힘들지 않게 사는 방법을 모른다. 삶이 힘들다는 것은 이들에게 전혀 이상한 일이 아니며, 그래서 다른 사람에게도 그와 같은 식으로 부담을 주게 된다.

이런 사람이 옆에 있으면 즐거운 일도 있을 수 없으며, 재미있고 부담 없는 대화도 나눌 수 없다. 실제로 이들과 접촉하기도 힘들다. 모든 것이 이들을 힘들게 짓눌러서 인간관계가 마비되고, 대화를 하더라도 지루하며, 무언가 화끈한 이야기가 없고, 주제도 금세 고갈된다. 그리하여 사람들은 이들과 무슨 대화를 나누어야 할지조차 알 수 없게 된다.

하지만 일을 할 때 혹은 사회에서 이런 사람들은 매우 유능하며, 힘든 삶을 영웅처럼 잘 버텨나가고, 자신에게 많은 기대를 할 수 있도록 노력한다. 하지만 그들의 우울함, 비관주의, 삶에 대한 부정적 시각, 미래에 대한 불길한 예상을 곁에서 지켜보는 사람들은 여간 부담스럽지가 않다.

뭐, 재미있는 것 없나   재미를 위주로 하는 사회 역시 그 뿌리는 초기에 욕구를 충분히 채워주지 못한데 있다. '충족되지 못한' 아이는 평생 새롭고 더 많은 만족을 얻을 수 있는 것을 찾아다닌다.

왜냐하면, 이들은 자연스럽게 욕구를 충족시키고 긴장을 해소할 수 있는 경험을 할 수 없었기 때문이다.

사람의 기본적인 욕구란, 적절한 긴장과 만족을 통해 긴장을 해소시켜주는 리듬을 따른다. 그런데 만일 욕구가 채워지지 않으면 긴장상태도 그대로 남아 있게 되고, 이 상태를 무언가 다른 것이 대신해서 긴장을 해소시켜주기만을 기대한다. 이때 많은 수단이 동원되는데, 이런 수단은 관심을 다른 쪽으로 유도하거나 욕구를 대신해서 충족시켜주는 것처럼 보인다.

하지만 이런 수단은 그때그때의 욕구를 적절하게 충족시켜서 긴장을 해소하지 못하는 까닭에, 효과를 높이기 위해 점점 사용량을 늘려야 한다. 이것이 바로 '중독'의 근본적 원인이다. 아이의 욕구를 적절하게 만족시켜주면 절대로 버릇없는 아이가 되지 않는다. 단지 좌절한 아이들이 무언가를 점점 많이 원하고, 이로써 다른 사람에게 부담을 주는데, 그들의 요구는 들어주기조차 벅차다.

따라서 여기서 중요한 것은 욕구를 적절하게 만족시켜주는 것이지, 끊임없이 욕구를 상승시키는 것이 아니다. 욕구를 만족시키지 못한 아이는 우선 살아남기 위해 그리고 자신의 건강을 위해 어느 정도 긴장을 해소해야 하고, 긴장상태를 넘어 완전히 지쳐버림으로써 좌절과 결핍으로 인한 스트레스를 누그러뜨려야 한다. 운다고 해서 배고픔과 추위를 이겨낼 수 있는 것은 아니지만, 마음의 상처나 사회에서 받은 모욕은 이러한 감정표현을 통해서 진정될 경우도 많다. 진정한 감정은 비록 실제의 불행을 없애지는 못하지만, 결국 긴장을 해소시켜주기는 한다.

이와는 반대로, 선동하고자 하고 무언가 은밀한 비밀을 숨기고자 하는 노이로제성 감정들은 '민감한 사람'을 지속적으로 지치게 만들고 사회에도 부담을 준다. 억지로 기쁜 척하는 것이 곤혹스러운 일이듯, 히스테리에 의한 고통은 혐오스럽다. 진실한 감정만이 상대방에게 옮겨갈 수 있으며 사람들에게 믿음을 준다. 이처럼 진실한 감정은 암시를 거는 잠재력도 있으며 카리스마도 있다.

모든 사람은 욕구만족을 미룰 수 있는 법을 배우고 포기하는 법도 배워야 하며, 또한 다른 것으로 욕구를 의미 있게 채워줄 수 있는 방법도 반드시 배워야 한다.

쾌락의 원칙과 현실의 원칙 사이에는 항상 갈등을 일으키는 긴장이 존재하기 마련이다. 지식, 이성, 통찰력이 이런 갈등상황에서 중재의 역할을 맡지만, 어쩔 수 없이 포기해야 할 경우에는 이를 감정적으로 이해하는 작업이 필요하다. 그래야 안정감을 얻을 수 있고, 심리적인 발전과정에도 이상이 생기지 않는다. 때문에 현실의 원칙을 적용했을 때 비애, 고통, 분노는 반드시 따라오는 동반자이다.

모든 시작에는 이미 끝이 들어 있고, 태어남으로써 죽음이 확정되는 것이며, 모든 결정은 포기를 의미하기도 하고, 어떤 즐거운 만남도 슬픈 이별로 끝이 난다. 고통이 없으면 쾌락도 없고, 긴장이 없으면 이완도 없으며, 증오가 없으면 사랑도 없고, 죽음이 없으면 삶도 없다. 이러한 리듬과 순환이 다이내믹하고 건강한 삶을 결정짓고, 이미 체험한 긴장과 절제된 긴장이 삶의 질을 결정한다.

하지만 시장과 성과에 의해 좌우되는 사회에서 살고 있는 삶의 현실은 그렇지가 않다. 여기에서는 성장과 상승이 중요하다. 즉, 점점 더 많이, 더 빨리, 더 넓게, 더 높아져야 한다. 이런 현실은 쉬는 시간이나 휴가도 없이 곧장 직선적인 상승만을 요구한다. 이렇게 되면 결국 사람들도 이윤과 쾌락의 대상으로 전락하지만, 현실은 그런 것에 아랑곳하지 않는다.

채워지지 못한 초기의 욕구를 충족시켜주겠다는 암시가 사람들을 유혹하고, 인공적인 욕구들은 광고와 헛된 약속, 싸구려 전시를 통해 사람들을 부추긴다. 기본적인 결핍을 가진 사람들은 만족시켜주겠다고 약속하는 모든 것들에 눈길을 돌리고, 즐거움을 주겠다고 약속하는 모든 것을 획득하고 체험하고자 한다. 그리하여 이런 사람들에게 제공되는 물건들은 점점 더 다양해지고, 더욱더 시끄럽고 눈에 띄며, 공격적으로 선보이게 된다. 이런 식으로 나가면 마지막에는 암시효과만이 판매될 것이다.

사람과 시장은 공생관계를 형성하게 되고, 둘은 상대로부터 이득을 취한다. 즉, 사람은 일을 하느라 자신의 문제를 잊어버리고, 시장은 번창할 것이다. 중독된 사람은 시장을 활기 있게 만들어주며, 시장은 채워지지 않았으며 앞으로도 채워지지 않을 그리움을 지닌 사람들에게 새로운 환상을 제공하기 위해, 끊임없이 새로운 마약을 제공한다.

'뭐, 재미있는 것 없나'라고 소리 지르는 사람들은 황홀경에 빠질 수 있다는 희망에 도취되어 온갖 멍청한 오락거리에 참여하고, 이 모든 것들이 얼마나 끝내주는지 소리를 질러대며 외친다. 이때 재미란 바로 이런 것을 의미한다. 즉, 너무 많은 자극을 통해서 더이상 아무것도 인지하지 못하며, 발작적인 경련을 통해서 사랑하는 사람에게 빠지는 것을 막는다는 뜻이다. 또한 행동을 함으로써 느끼는 것을 방해하고, 공허한 행동을 통해서 목표 있는 행동을 차단하며, 피로를 통해서 휴식을 파괴하는 것을 의미한다.

이 모든 것을 한마디로 요약한다면, 자기에게 뚫려 있는(나르시스적) '구멍'을 무가치한 것들로 메우려는 것이다. 따라서 이들의 재미는 기쁨과 거리가 멀다. 내적으로 기쁨을 느끼지 못하기 때문에 외부에서 재미를 가져와야만 한다. 그러나 기쁨과 환희는 무언가를 이해하고, 목표가 있는 행동으로 자신을 자유롭게 해방시킴으로써 얻을 수 있는 미덕이다.

엄마, 아빠가 기뻐하실 거야   모성애 결핍은 아이가 소외감을 느끼게 만든다. 만일 어머니가 아이를 자신과 다른 고유한 존재로 받아들이지 않고, 아이를 단지 자신의 일부분으로 이해하고 자신의 목적을 위해서 악용한다면("나에게 권력과 의미를 줘!" "나에게 일을 줘!" "나를 지켜줘!" "나를 위해 있어줘!" "나를 행복하게 해줘!" "내 곁에 있어줘!" "일거리를 만들지 말고, 걱정거리도 만들지 마!"), 아이는 자신의 노력과 어머니의 기대 사이에 발생하는 갈등에 대면하게 된다.

어머니의 기분을 행복하게 해주고, 어머니가 자신에게 친절하게 대해주도록 하기 위하여, 아이는 본능적으로 자신이 어떻게 행동해야 하는지 이미 알고 있다.

어린 아이는 자신의 어머니가 정신적으로 힘들어 한다거나 장애가 있을 수 있다는 것을 생각도 못하며 이해할 수도 없다. 만일 어머니가 불행하거나 어머니의 기대가 충족되지 않으면, 아이는 자신에게 책임이 있다고 생각할 수 있다.

가령, '무언가 이상해, 그래서 엄마가 불행해 하고 슬퍼하며, 나에게 만족하지 않아'라고 어린 아이는 생각하는 것이다. 분명한 것은 이 아이가 어머니의 문제를 통해서 자신의 정체성을 확립하는데 방해를 받고 있다는 점이다.

이런 어머니는 무의식적으로 아이가 독립적으로 자신만의 경험을 하고 온전하게 자립하기를 원치 않는다. 그리하여 아이는 노력을 해도 인정은 물론 지원도 받지 못하며, 언젠가 "나는 바로 그런 사람이야! 그게 바로 나라고!"라고 말할 수 있을 정도로 자신의 존재가 무언가 특별하다는 경험을 할 수 없게 된다.

만일 아이가 자신의 충동을 억누른 채, 가능하면 어머니가 원하고 기대하는 것이 무엇인지 느끼려고 시도한다면, 이와 같은 조건에서 아이는 심리적으로 단지 살아남을 수는 있을 것이다.

아이는 스스로를 개발하고 꽃을 피우기 위해 삶의 에너지를 발산하지 않고, 어머니가 기대하는 발전에만 신경을 집중하게 된다. 물론 이렇게 하여 아이들로부터 매우 다양하고 인상 깊은 재능들이 개발될 수도 있다.

어린이에게서 흔히 발견할 수 있는 대단한 명예욕은, 다시 말해 도저히 어린 아이에게서 기대할 수 없을 만큼 노력을 하고 좋은 성과(예를 들어, 연주를 잘한다거나, 특정 스포츠에 재능을 보이는 경우)를 거두어서 특별한 인상을 주는 아이들은, 바로 자기를 소외시킬 목적으로 그렇게 하는 것이다. 즉, 자아를 발전시키는 대신 부모를 만족시켜주기 위해 좋은 성과를 내는 것이다.

본래 누구와도 바꿀 수 없었던 아이는 '마치 다른 사람인 것처럼 살아가는', 이른바 가정(假定)의 아이가 되어버린 것이다. 바로 "어떤 사람인 것처럼 행동하지만, 사실은 부모가 기대하는 모습일 뿐"이다. 가정의 인간은 결국 자신이 누구인지도 모르며, 한 개 혹은 여러 개의 가면을 쓰고 살아간다.

만일 어떤 사람이 극단적으로 적응력이 뛰어나거나, 다양한 재능을 가지고 있거나, 사고방식이 블록을 조립하는 것과 같다거나, 무엇보다 항상 본보기로 삼을 대상과 증오의 대상을 필요로 한다면, 이 사람은 '가정의 인간'이라고 볼 수 있다.

이런 사람들은 적응력이 뛰어난 까닭에 주변에서 인기가 있으며, 흔히 무엇이든 할 준비는 되어 있지만 실제로 일을 시킬 수 있을 만큼 신뢰할 수는 없다. 이들은 흔히 적응해야 한다는 강박관념으로 인해 자신이 도저히 해낼 수 없는 일도 허락하곤 한다. 그래서 "예스"라고 대답은 하지만, 정작 그 일을 할 능력은 없는 것이다.

스스로 결정을 해야 할 경우, 이들은 그렇게 할 수 있는 내적인 기준 같은 것이 없다. 따라서 이런 사람들은 분명한 지시나 한계가 있을 경우에는 일을 잘 해내고, 또한 이때는 아주 편안해하고 남도 잘 돕는다. 특히 제삼자에게 욕을 할 수 있는 기회가 충분히 주어지는 경우를 좋아한다.

이들은 갈등을 잘 견디지 못하고 두 가지 상반된 가치가 공존하는 것을 인정하지 못하기 때문에, 항상 어떤 사람을 본보기나 기준으로 삼는다. 그리하여 그 사람의 생각이나 의견을 거의 그대로 전부 이어 받는다. 또한 이들은 고통스럽고 불쾌하지만, 적응(원래 어머니가 강요한 적응이었다)을 해야 하는 동시에 증오를 발산할 대상도 필요로 한다. 그리하여 이들은 적으로 삼을 만한 대상을 누구보다 잘 발견하는 편이다. 가령, 자신의 담장에 넝쿨이 넘어오게 내버려두는 무심한 이웃, 코를 고는 배우자, 생일축하 인사를 잊어버린 친구, 언제나 불만이나 늘어놓는 직장동료는 그들에게 경멸의 대상이자, 때로 분노의 과녁이 되곤 한다.

부부관계에서 '가정의 인간'은 증오심에 가득 차서 배우자를 경멸하고 그야말로 전쟁터를 방불케 하는 장면을 연출한다. 결혼생활을 하다가 숨길 수 없는 사소한 단점이나 성격들을 마주치면, 그것을 상처 입은 마음을 한껏 발산하는 소재로 삼는다.

특히 이런 경우에도 심각한 피해를 당하는 사람은 아이들이다. 나는 심리치료를 하면서 '검은 양'인 아이가 있는 가족을 자주 보게 된다. 즉, 보통 때는 거의 정상이지만, 행동에 장애가 있으며, 다루기 몹시 힘든 아이들 말이다.

심층분석 — 어머니의 릴리스 콤플렉스까지 파고들어가 보면 — 을 해보면, 불행하게도 그런 아이의 어머니는 거절당한 자신의 경험을 아이에게 무의식적으로 물려주었다는 사실이 드러난다. 심지어 어렸을 때 어머니로부터 거절당한 경험이 있는 여자가 순전히 거절할 대상을 찾기 위해 어머니가 된 경우노 있었다. 그런데 이 젊은 어머니는 자신이 아이에게 무엇을 전달해주고 있으며, 설명할 수 없는 자신의 운명을 새로운 문제를 통해서 설명하기 위해 그런 일을 힘들게 하고 있다는 것을 모르고 있었다.

가정의 인간은 마치 블록 쌓기처럼 생각을 하고 느낀다. 블록 쌓기에서 기초가 되는 블록이 없듯이, 원래 그들에게는 어떤 기준이나 기초도 없기 때문에 다른 사람의 생각과 의견을 넘겨받는 법을 배워야한다. 만일 머리가 좋다면 이들은 필요에 따라서 빌린 소품들을 잘 조합할 수 있다.

이런 사람들을 잘 관찰해보면 눈에 띄는 점이 있다. 즉 이들은 흔히 정치가에게 볼 수 있듯이, 멋지지만 공허한 말투를 구사하고, 늘 동일한 문장이나 맥락을 사용한다. 특히 이들은 감정을 매우 강렬하게 표현하는데, 이런 감정도 모방한 것이므로 비록 전염되지는 않지만 대체로 상대방을 당황하게 만들고 부담스럽게 만든다.

이런 사람들은 높은 자리에 앉는 경우가 많은데, 정치라는 분야는 이들이 뛰어놀기에 매우 적합한 장소이다. 이들은 어차피 자신의 생각이라는 것이 없는 사람들이고, '위대한 어머니'인 당이나 회사의 입장을 대변해주면 되는 것이다. 따라서 아무런 뜻도 없는 말을 그저 내뱉으면 되고, 반대당은 무시만 하면 된다.

어떤 경우에도 이들은 진정한 감정에 대해서 질문을 받는 경우가 없고, 잘해야 상투적인 표현, 즉 '당사자'라는 호칭을 들을 수 있다. 이들은 원래 살아남기 위해서 특별한 능력을 갈고 닦은 자들인 탓에 정치적인 권력 싸움에 나가면 경쟁력으로 넘친다.

이들은 온갖 간계와 술책이 난무하는 정글에서도 살아남을 수 있는 본능을 개발한 자들이다. 왜냐하면, 이들의 생존은 스스로를 인지하는데 달려 있는 것이 아니라, 가능하면 재빠르게 올바른 선택이 무엇인지 발견해내는데 있기 때문이다.

6

Der Lilith Komplex

참된 모성애가 부족한
사회의 비극

1945년 이후와 1989년 이후의 독일에서는 무엇보다 심리적인 의미에서 '훌륭한 모성애'가 부족했다. 대부분의 사람들은 그들의 끔찍한 마음의 상처, 이데올로기 중독, 실제로 행한 범죄, 치욕과 수치, 살인적인 광란, 파괴 후에 벌인 축제, 기만, 압박, 비겁함과 거짓, 밀고 등 고통스럽지만 자신들이 가담했던 행동을 인지하고 쓰라린 인식과정을 거쳐, 그 모든 것의 원인을 파헤칠 공간은 물론이거니와 시간도 갖지 않았다.

그러므로 과거를 '극복'하는 일은 일어나지 않았고, 잘해야 입으로만 복종하고 적응한다는 표시를 했을 뿐이었다. 그러다가 사람들은 궁지에 몰리자 보상하는 행동을 하기 시작했는데, 서독에서는 '경제기적'이 일어났고, 사회주의적인 유토피아가 지배하던 동독에서는 좀더 나은 삶을 건설하기 위해 열정을 쏟았다.

사람들의 모성애 장애는 동독에서는 물론 서독에서도 잘 알려져 있지 않았고, 그리하여 본질적으로 아무 것도 변하지 않았던 것이다.

그로 인해 발생한 심리적인 결과는 독일에서 두 국가가 발전함에 따라 사회적인 특징으로 자리잡았다. 그리고 적대적으로 분단되어 있었던 상황은 조기장애를 앓고 있는 사람늘에게 아주 이상적인 조건을 제공했다.

초기장애를 앓는 사람들은 전형적으로 자신의 상처를 숨기기 위해 정치·이데올로기적 문제에 몰두하는 경향이 있는데, 동서독의 분단상황은 거기에 이상적인 조건을 제공했던 셈이다.

'냉전'이라는 불합리가 만들어지기 위해서는 대다수의 독일인들이 유년시절에 겪었으나, 극복하지 못한 결핍의 경험이 필요했다. 외부의 적들은 ― 여기는 공산주의자, 저기는 제국주의자 ― 어린 시절 적대적인 대우를 받았던 사람들의 기억을 덮어주고, 이해할 수 없는 내적인 경험을 위해 이해할 수 있는 외적인 원인을 찾아주기에 지극히 적합했던 것이다.

1968년 학생운동과 '프라하의 봄'이 일어났을 때, 서로 방어자세를 취했던 체제들이 잠시 무너지고, 각각의 사회에서는 파괴적인 면이 드러났다. 권위적인 부모세대에 반대해서 혁명적인 데모가 일어났지만, 그들의 항의는 정치·이데올로기적·지적인 토론으로 끝이 나버렸다. 물론 정치적 권력자들이 비판을 받을 만했지만, 결국에는 어린 시절에 상처를 주었던 상징적인 범인에 불과하므로 데모는 실패로 끝날 수밖에 없었다.

1989~90년에 독일의 통일로 인해 다시 한번 범죄자들을 수색하는 과정이 있었지만, 결과는 진실에서 더욱 멀어져 갔다. 구동독의

독일 사회주의 통일당(SED), 공산당 정치국, 국가 정보기관, 몇몇 밀고자들만 국민의 분노를 샀을 뿐이다. 권위적인 부모들(모성애 결핍과 모성애 중독, 아버지 도피와 아버지 테러)은 아무런 해도 입지 않고 온전할 수 있었던 것이다. 하지만 이들이야말로 체제를 떠맡아서 발전시킨 자들이며, 자식에게 해를 입힌 장본인들이다.

68년 학생운동은 동서독에서 각각 전형적인 방어수단으로 해결되었다. 즉, 동독에서는 장갑차를 동원한 폭력으로 해결했고, 서독에서는 자유주의적 인내심을 갖고 지켜보다가 결국 소비사회의 헛된 약속으로 해결을 보았다. 이때 지식인들은 '사회제도라는 먼 길을 통해' 보다 안전하게 늙기 위해 자신들을 팔아버렸다.

현재 독일의 외무부 장관이 30년도 더 지난 지금에 와서, 자신이 참가했던 '혁명적' 행위에 대하여 곤혹스럽게 사죄해야 하는 이유는, 한때 세계에서 가장 막강한 권력을 쥐고 있던 남자가 섹스 스캔들로 인해 공공연히 사죄해야 했던 사건과 흡사하다. 이는 국민이 어린 시절 마음의 상처를 입은 사실을 집단적으로 부인하려고, 한 정치가를 지목하여 압력을 넣었기 때문이다. 즉, 대중은 자신들에게 릴리스 콤플렉스 증상이 있다는 점을 강력하게 부인하고 있다.

요쉬카 피셔가 저질렀던 폭력은 빌 클린턴의 섹스로 인한 스캔들과 마찬가지로, 어린 시절의 모욕과 충족되지 못한 결핍의 표현으로 이해해야 한다.

솔직히 말해서 피셔 장관의 업무태만은, 그가 일찍이 경찰과 싸운 전력이 비난을 받아 마땅한 것인지, 아닌지의 문제와 별개의 것이다. 그것은 오히려 당시 독일에서 정치적 논쟁이 벌어졌을 때, 그가 개인적인 동기를 인식하지 못했던 사실에서 이유를 찾아야 한다. 그의 개인적인 농기가 자신의 어린 시절 경험에서 나왔다는 점을 오늘날에 와서도 고백하지 못하고 있다.

우리 같은 정신과 의사들은 어린 시절의 정신적 위기를 조정해야만 하는 마음의 상태를 '분열 혹은 분리' '투사 혹은 투영' '투사적 동일성'이라고 부른다. 만일 아이가 심각한 초기 모성애 장애에 빠져 있다면, 아이는 세상을 선과 악으로 분리한다. 아이는 사악한 어머니를 감당해내지 못하며, 만일 어머니가 자신을 원치 않았다는 사실을 알면 심리적으로 더이상 버틸 수 없을 것이다.

하지만 이때 우리의 마음은 기발한 속임수를 사용한다. 즉 자신이나 혹은 제삼자를 나쁘거나 사악하다고 간주함으로써 어머니의 태도를 이해하고 용서하는 것이다. 그러면 다른 사람이 악한 사람이 되고, 어머니는 좋은 사람이 된다.

어머니의 태도를 느끼는 것이 너무 힘들기 때문에, 아이는 어머니의 태도를 전혀 느끼지 않으려고 모든 감정들을 좀더 깊이 분열시킨다. 이는 심리적인 퇴행을 통해서 가능한데, 가령 감각을 둔하게 만들고, 들릴 듯 말듯 숨을 쉬며, 근육을 딱딱하게 하고, 삶의 에너지를 쌓아두어서 신체에 어떤 증상으로 나타나게 만든다. 그리하여 아이는 조용하고, 마비된 듯하고, 감정도 없고, 사람들과 접촉도 잘하지 않으며, 감정도 없게 되고, 결국 병들게 된다.

병이 들면 이제 사악한 어머니를 알아볼 필요가 없고, 어머니가 자신을 공격할 기회도 없어지는 것이다. 악은 자신으로부터 떨어져 바깥에 존재하게 되는데, 현재 자신을 위협하는 질병이 그런 상황을 만들어준다.

분단되어 있었던 독일에서는 심리적인 상처로 인해 편집증적 환영 혹은 유령들이 존재했다. 즉, 노동자 계급의 적, 제국주의자와 군국주의자, 공산주의자, 그리고 국가 정보기관 요원이 바로 그런 사람들이었다. 그러나 이제는 외국인, 낯선 사람, 멍청하고 게으른 동독 사람, 거만하고 지배적인 서독사람이 그 자리를 대신하고 있다. 다시금 차이와 약점들이 수많은 편견을 투사할 수 있는 계기가 되었고, 사람들은 그와 같은 차이가 자신들에게 위협적이라고 상상하면서 초기의 상처를 숨기고 있는 것이다.

앞에서 언급한 나쁜 짓을 저지른 사람 모두가 실제로 존재하며, 위험한 일을 은밀하게 꾸밀 수 있다는 얘기를 하는 게 아니다. 사람들이 그들을 추종할 수 있기 때문에, 그들은 마치 해면처럼 사람들의 끔찍한 경험을 흡수하기에 적합하다는 말이다. 위협받고 있다는 환상과 구원받을 수 있다는 환상이 그토록 무성할 수 있었던 까닭은, 상처 입은 마음에 공포심이 잠재되어 있었기 때문이다.

초기의 정신적 불행을 겪은 사람들은 특출한 사람이나 제도를 통해 구원받을 수 있으리라는 희망을 품거나, 또는 그런 사람과 제도가 바로 모든 악을 불러일으키는 원인이라고 과장한다. 그리하여 구동독 시대의 국가 정보기관은 동독 사람의 눈에 영웅과 같았지만, 서독 사람의 눈에는 범죄조직이었던 것이다. 하지만 그와 같은 이상화 혹은 낙인 찍기는 항상 부분적으로만 진실을 말해주며, 무엇보다 그런 제도나 범죄자를 판단할 때 투사하게 되는 사람들의 심리는 은폐되어 있다.

내 생각에는 '내적인 파시즘'이라는 표현이 분열된 사람의 상태를 잘 말해주는 것 같다. 즉, 적응, 복종, 충성, 부지런함을 통해 사회에서 성실한 사람으로 자신의 '감정의 정체상태'를 숨기고 살지만, 위기가 첨예화되면 살아남기 위해 다시 투쟁하게 되는 사람 말이다. 하지만 '내적인 파시즘'은 매우 불합리하고, 현실적으로 충분히 일리가 있는 외적인 위협을 힘들게 은폐시켜놓았던 내적인 위협과 혼동함으로써 생겨난다.

냉전이 지속되고 있을 때, 동서독 사람들은 민주주의자 또는 반파시스트로 거듭나기 위해 장벽을 넘어 악과 파괴적인 것을 투사했다. 그러므로 굳이 자신에게서 '내적인 파시즘'을 알아보고 불안에 빠져 당황할 필요가 없게 된 것이다.

'스탈린주의'와 '소비주의'도 내적인 혼란을 숨기거나 완화시키기 위해 새롭게 나타난 것들이다. 분열로 인해 투사된 동일화 현상은 분단된 독일에서 탁월한 기능을 발휘했다. 즉, 동독 사람은 서독 사람이 좀더 나은 삶을 살고 있으리라고 상상했는데, 이런 상상을 하고 있다는 사실이 서독 사람에게는 흐뭇한 일이었다.

그들은 시대정신이라는 기준에 따라 넘쳐나는 제품들 속에서, 또한 여행과 다양한 재미를 제공하는 체험을 통해서 그렇게 느꼈던 것이다. 그리고 서독 사람은 동독에서의 삶을 단지 동정할 만하고, 지나치게 답답하고 고루하다는 상상을 했다. 동독 사람은 구원되기를 희망했고, 그 같은 바람이 통일이라는 형태로 이루어진 탓에 서독 사람의 상상을 외양상 인정해주는 결과가 되었다.

통일이 되자 동독 사람은 사회에서 이류인간으로 취급받는 현실에 직면하게 되었지만, 그다지 거부감을 나타내지 않았다. 이들은 그런 무시를 받아들임으로써 어린 시절의 모욕을 감출 수 있었기 때문이다. 동독 사람은 초기의 모욕감과 거절당한 경험에 외적인 원인을 제공하기 위해서 서독에 백기를 들고 항복했다. 이렇듯 독일 사람은 번갈아가며 상대방의 전략에 이용되었다. 즉, 위대함과 열등감이라는 방어전략에 이용되었던 것이다.

독일 사람은 각각의 사회에서 일면적인 사회화 과정을 거쳤기 때문에 개인적 발전이 방해를 받았고, 개인의 불행은 여전히 남아 있었다. 이처럼 일면적인 사회화 과정만을 거친 사람들은 화약통과 같아서 만일 사회적인 위기가 닥쳐오면, 예를 들어 사회적인 불평등과 부당함이 첨예화되면 언제라도 폭발할 수 있다. 우리가 전쟁을 치를 정도로 공동의 적을 외부에 가지고 있지 않다면 말이다.

구동독 — 어머니 없는 사회 [1]

'모성애 중독'과 '모성애 결핍'은 동독을 지배했던 경험이다. 사람들은 끊임없이 이데올로기적 세뇌교육을 받았다. 소위 말해서 이들은 '올바른 의식'을 가져야만 했던 것이다. 이들은 끝없이 이런 말을 들어야만 했다.

"너는 중요한 사람이야, 우리는 네가 필요해, 민중의 복지를 위해서." "사람이 중심이 되어야 한다!" "인격의 완전한 발전을 위해서." "사회주의 체제 하에서 산다는 것은 안전하고 행복하며 평화롭게 사는 것을 의미한다."

하지만 실제로 사람들이 체험한 것은 위협, 압박, 공포, 훈계, 경고, 훈육이었다. 우리에게 찬성하지 않는 사람은 우리의 적이다! 너는 친구냐 적이냐, 전쟁을 찬성하느냐 평화를 찬성하느냐? 이런 식으로 개인의 자아는 집단에 매몰되어야 했다. 동독 사람은 소유욕에 휩싸여 있는 '어머니의' 속삭임을 늘 들어야 했다.

"원하지 마! 개인주의자가 되어서는 안 돼! 도망가지 마! 나를 떠나지 마! 반대하지 마! 나에게 항복해! 나를 보살펴줘! 나를 보호해주고 지켜줘!"

이 모든 속삭임들은 바로 터부시되었던 릴리스 콤플렉스의 전형이자, 릴리스 콤플렉스로부터 나온 초기장애의 전형이다.

사회·심리적인 어머니 부재는 실제 사회주의 사회에서는 정상이자 규범에 속하며, 이는 많은 사람들에게 초기장애를 일으키는 원인이 된다. 사회·심리적인 어머니 부재가 사회에서 나타나는 형태를 나는 다음과 같은 과정으로 이해한다.

---

1) 　H. - J. Maaz, 『감정의 정체상태 ― 동독의 심리학적 인격연구』, 베를린, 1990 참조.

집단주의   주체는 존재의 정당성을 얻지 못했다. 사회가 유일무이한 가치로, 특별한 인간을 원치 않았고, 그런 인간을 인정하고 지원하지 않았으며, 무조건 집단정신에 귀속시켜 '어머니 같은' 상급기관이었던 당에 복종하기만 원했던 것이다.

당은 결코 틀리는 법이 없었다. 이런 조직은 사람을 옭아매고, 무릎을 꿇게 하고, 공포를 가르쳐주었지만, 다른 한편으로 먹여주고 입혀주었으며, 지원해주고 보호해주었던 조직이었다. 일종의 조건이 붙어 있는 '사랑'이었던 셈이다. 즉, 나에게 봉사하고 복종하라, 그러면 너는 사랑스러운 아이이고, 모범적인 당원이며, 훌륭한 시민이 될 것이다.

권위주의적 환경   당과 국가가 규범을 제시해주었다. 그것은 질서, 훈육, 복종과 업무였다. 부모와 학교는 대체로 이 규범들을 실시하였고, 기대감을 통해 아이에게 더 많은 부담을 안겨주었다. 그리고 아이는 적응과 복종의 정도에 따라서 인정을 받았다.

평화와 사회주의를 위해서 국가는 동독의 시민들에게 '어머니 같은' 기대를 걸었다. 이런 것이 필요했던 아이들은 끝없이 노력을 하거나, 그렇지 않으면 수동적으로 저항하는 태도를 취했다. 이들은 좋은 성적을 올렸고, 금메달까지 땄지만, 자신을 잃어버렸거나, 감시를 받았으며, 잘해야 수동적인 체념상태에서 속으로 반항할 수 있을 뿐이었다. 좀더 나은 삶에 대한 환상으로 서구사회로의 도주나 여행을 꿈꾸었던 것이다.

나르시스적 악용   국민에게 내려진 사명은 조국, 당, 국가 안전 기관에 봉사하는 것이었다. 감사할 줄 알아라! 우리는 너에게 대학 공부를 시켜주었고, 너에게 직업교육도 시켰고, 너를 보호하고 있다. 그러니 너는 우리에게 보답을 해야 한다! 훌륭한 학생으로서, 본보기가 되는 소년소녀 단원으로서, 복종하는 군인으로서, 노동자 계급의 적을 쳐부술 군인으로서, 사회주의 조국의 명예를 짊어진 자로서. 너의 삶이 중요한 것이 아니라, 위대한 사회주의 이상에 너희가 봉사하는 것이 중요하다. 명성과 명예를 위해! 당의 동지들에게 감사하라! 위대한 서기장 만세!

그야말로 철저하게 사람을 악용한 사례가 아닐 수 없다. 그리하여 어린 시절에 불안과 마음의 상처를 얻었으며 결핍을 앓았던 사람들은 마침내 기준과 방향을 찾게 되었다. 이들은 왜 살아야 하는지 삶의 이유를 알게 되었고, 마침내 진정으로 자신이 필요하다는 믿음을 가질 수 있었다.

자신들의 마음속 깊은 곳에 들어 있던 불행은 볼 수도, 느낄 수도 없었다. 동조자가 되는 것은 편안한 일이었으며 소속감을 느낄 수 있었고, 좋은 일에 봉사하는 것이므로 자신이 범죄자가 되더라도 용서할 수 있었다. 그리고 범행을 저지르면 잔인하고 공격적인 긴장감을 후련하게 배출할 수 있었다. 다른 사람을 밀고하는 일도 매력적이었는데, 이로부터 소속감을 얻을 수 있었고 자신이 마치 중요한 사람인 듯한 느낌이 들었기 때문이다.

분만 쇼크　분만실의 어머니 부재는 경악할 정도였다. 산모들은
병원의 권위에 눌려 있었고, 남편과도 떨어져 있어야만 했다. 한마
디로 아이를 낳은 여자들은 국가의 출산 시스템에 맡겨지는데, 이
시스템은 신생아에게 스킨십과 따스한 보살핌이 필요하다는 사실을
이해하지 못했다. 산모가 출산을 할 때 자신이 태어난 과거의 경험을
떠올리기도 했지만, 이런 요구는 터무니없는 일이라며 매도당했다.
출산으로 인해 오직 끔찍한 공포심과 버려진 듯한 느낌만 되살아날
수 있었다.

산모는 다른 사람의 손에 맡겨져서 속수무책의 상태에 처할 때가
많고, 아이의 상태에 대하여 불안한 질문을 하다 보면 어린 시절 어
머니가 자신을 대했던 기억이 무의식적으로 되살아나기 마련이다.
이런 상태에서는 아이를 출산한 어머니의 심리를 이해하는 일이 무
엇보다 시급하지만, 동독의 의학 시스템은 출산에서도 감정이입이
라는 것을 제외한 채 기술적인 측면만을 앞세웠다. 의사나 산파 역시
감정이입을 전혀 하지 않고, 기계장비와 약품 그리고 기구들이 출산
을 완성할 뿐이다.

나는 기술이 인간에게 주는 혜택을 절대로 부인하지는 않는다. 다
만 내가 지적하고자 하는 점은, 의학적인 기술이 금방 태어난 아이에
게 얼마나 자주 손상을 입히는가 하는 것이다. 그것도 아주 당연한
듯이 말이다. 출산과정을 의학 시스템이 전담하는 주된 이유는, 그

러한 상황에서는 가슴 아픈 경험을 가진 산모의 개입을 막고 차단해야 하며, 대신에 안전한 방법, 즉 이성적이고 의학적인 처리만을 해야 한다는 판단 때문이다.

하지만 그 같은 이유로 산모를 혼자 내버려두어서는 안 된다. 산모는 자신을 보호해줄 남편이나 친지가 필요하다. 물론 아이를 낳기 전에 산모가 자신의 출산 쇼크를 받아들이고 이해하는 것이 가장 좋다. 그러면 아이를 낳는 동안 감정적으로 놀라지 않을 테니 말이다. 출산은 전적으로 아이의 입장에서 진행되어야 한다. 아이를 놀라게 하거나 두렵게 하고, 부담을 주거나 쇼크를 줄 수 있는 모든 것은 금지되어야 한다.

하지만 동독사회에서 그런 것들은 예외였다. 권위주의는 출산병동에서도 적용되었고, 흔히 산모에게 정신적인 쇼크를 주곤 했다. 가령 의학적인 절차, 병원의 기구, 전등에서 나오는 빛, 정신없이 서두르는 분위기, 다리를 높이 든 채로 오래 두기, 엉덩이 때리기, 목욕시키기, 그리고 아이를 어머니와 격리시키는 일! 산욕으로 누워 있는 어머니와 아이를 서로 떼어놓고, 병원 직원이 언제 아이를 보아도 되며 젖을 주어야 하는지를 결정했던 것이다. 이런 행동이야말로 동독시절 모성애가 발달할 수 없게 만들었던 전반적인 원인 가운데 결정적으로 끔찍한 것이다.

탁아소 쇼크   동독 사람 가운데 4/5 정도가 4세까지 어머니와 떨어져 있어야 하는 경험을 해야 했다. 애정이 풍부한 어머니는 긴급한 상황이 아니라면, 그렇게 일찍부터 아이와 떨어져 있기를 원치 않았을 것이다. 하지만 동독 시절 대부분의 여자들은 그렇지 않았다. 이렇듯 어머니의 부재는 정치권에게 아이들을 집단적으로 교육시켜 복종하는 신하를 생산해내도록 기회를 제공했다.

나는 이런 일이 의식적으로 특정한 목표를 겨냥해서 이루어졌다고 주장하는 것은 아니다. 만일 그랬다면 먼저 어린 시절의 의미를 이해하고 그런 사업을 벌여야 했겠지만, 언급할 만한 범위 안에서 그런 이해는 없었고, 어쨌거나 그 문제에 관해 공개적인 토론 따위도 없었다. 그러므로 다음과 같이 생각하면 무리가 없을 것 같다.

즉, 자신의 운명에 대하여 사람들은 아무 것도 느끼지 않고, 또 아무 것도 인지하려 하지 않음으로써, 부모들은 탁아소에서 어떤 끔찍한 것도 발견할 수 없었던 것이다. 어른들은 여자도 직장에 다녀야 한다는 이유를 충분한 설명으로 무리 없이 받아들였으며, 심지어 사회주의 체제에서 아이를 탁아소에 맡길 수 있다는 사실에 자부심마저 가질 수 있었다.

애정이 없는 상태, 거절, 상실과 격리로 인해 어른들이 느꼈던 모든 감정이 아이들에게도 온전히 전해졌다. 비록 부모는 아이를 탁아소에 맡기면서 겉으로는 자주 고통을 느꼈지만, 자신에게 숨어 있는 깊은 상처는 건드리지 않을 수 있었다. 하지만 만일 부모가 아이를 집에 데리고 있었다면, 좋은 어머니가 되고자 해도 그럴 수 없는 자신의 무능력이 엄청난 스트레스가 되었을 것이고, 아이의 욕구로 인해 과도한 부담과 위협을 느꼈을 것이 분명하다. 그러니 어머니들은 결국 탁아소가 자신의 일을 덜어주는 고마운 곳이라고 생각하게 되었을 것이다.

물론 아이를 얼마나 잘 돌보았는지는 탁아소마다 차이가 있을 수 있다. 탁아소의 시설과 돌보는 아이의 숫자, 그리고 그처럼 중요한 과제를 떠맡았던 사람들의 자질에 달려 있다. 하지만 탁아소에서 아무리 노력을 한다 해도, 어머니와 떨어짐으로써 받는 충격, 모성애 결핍, 어머니가 자신을 원치 않아서 다른 사람의 손에 맡겨진 경험으로 인해 받는 아이의 쇼크는 막을 수 없다. 잘하면 그런 충격을 완화시킬 수 있지만, 반대로 훨씬 더 심각하게 만들 수도 있다.

이런 의미에서 동독은 어머니가 없는 불행한 나라였다. 한마디로 동독은 '모성애 결핍'이 너무 심했고, 반대로 서독은 '모성애 중독' 현상이 더 강하게 나타났다. 현재도 그러한 점을 우리는 보고 있지 않은가.

동독사회에서 모성애 결핍은 '모든 것은 국민의 복리를 위하여!'라는 구호로 나타났다. 광범위한 감독을 통해서 국민을 평화롭고 행복한 삶으로 인도할 수 있으리라고 생각했지만, 사실 서독에서 부르짖은 모성애 중독보다 오히려 설득력이 부족했다. 서독에서는 물질적인 부를 통해서 행복해질 수 있다고 약속했는데, 이 방법이 더 설득력이 있었던 것이다.

동독에서의 어머니 부재는 많은 남자들을 군대로 보냈고, 여성해방이라는 거짓말을 통해 여자들에게 과다한 부담을 안겨주었다. 그리하여 여자들은 어머니로서의 과제를 소홀히 한 채 일찍부터 아이를 떠날 수밖에 없었다. 하지만 만약 어머니의 손길을 잘 느끼지 못하고 자란 남자들이 감정의 정체상태에 빠져 기꺼이 동독사회의 군인이 되지 않았고, 모성애 결핍을 느끼며 자랐던 여자들이 공장에 일하러 가지만 않았어도, 그와 같은 일은 불가능했을 것이다.

오해의 불씨를 막기 위해서 잠깐 설명을 덧붙여보자. 여자들도 당연히, 그리고 반드시 노동시장과 직업에서 남자들과 동일한 기회와 권리를 가져야 하지만, 모성애를 희생시켜 가면서까지 그렇게 해서는 안 되었다.

동독은 거의 모든 조직이 놀랍게도 모성애를 실천하고 실험하는 단위였다. 가령 당, 비밀경찰, 군대, 소년소녀 청년단, 자유독일 청년단, 같은 건물에 사는 사람들, 스포츠 클럽, 공장들은 감독하고 통제하는 기능을 했고* 휴식과 질서, 훈육을 맡았지만, 공동체를 보호하고 지원하기도 했다.

이들은 병들고, 늙고, 위기에 처하면 도움과 지원을 주었으며, 주택도 제공했다. 아이를 보살피고, 휴가지를 정해주고, 상과 표창을 내리는 이 모든 행위도 공장과 회사가 모성애적 역할을 하는 것이었다. 때문에 직업이란 돈을 버는 일이었을 뿐 아니라 인간관계를 맺고 의지할 발판을 마련해주며, 삶의 의미를 제공하는 기능을 했다. 그

★ 여기에 등장하는 명사들은 독일어에서 모두 여성명사이다. 가령, die Partei(당), die Stasi(비밀경찰)에서 die는 여성을 가리키는 대명사이다. 이처럼 지은이 마츠는 이런 조직들의 문법적인 성이 여성이라는 점을 지적하고, 이들 조직의 기능도 모성애적 성향이 있음을 설명한다.

리하여 어린 시절 모성애 결핍으로 인해 내적인 발판이 없었던 사람들은 그런 시스템을 감사하게 받아들였다.

동독 시절, 나와 같은 정신과 의사들은 초기장애라는 진단을 내려본 적이 거의 없었다. 정신과를 찾는 사람들은 대부분 심각한 인격장애를 앓고 있어서 치료를 받아야 했다. 대체로 보통 사람보다 조금 높은 지위에 있던 이들이 초기장애를 안고 있는 경우가 많았지만, 동독에서는 아무 문제 없이 잘 살았다.

전통적으로 적응과 복종은 초기 모성애 장애를 보상할 수 있는 가능성으로 간주되는데, 동독사회는 적응과 복종을 교육의 이상으로 삼았던 것이다. 그리고 특출한 능력이 있다고 판단되는 사람들은 사회적으로 최고의 대우를 받을 수 있었다.

자존심에 손상을 입은 사람들에게 꽉 짜여진 체제와 국가의 보살핌은 충분히 의지할 수 있는 간접적인 발판을 제공했고, 그리하여 이들은 자신에 대한 불안감을 큰 문젯거리로 발전시키지 않았다. 독일이 통일되었을 때에야 비로소 개인화시키고 경쟁할 필요가 생겼으며, 자신을 강하게 만들고 주장해야 할 필요성도 생겼기에, 그동안 드러나지 않았던 나약한 자아가 분명하게 드러났다. 그러므로 이런 상황은 엄청난 두려움을 불러일으켰고, 우울하고 불쾌한 기분, 심신상관성 질병을 유발시켰다.

이런 점에서 볼 때, 소위 말해 '통일로 인해 이득을 본 사람들'이 왜 예전보다 더 만족하거나 행복하지 않은지 설명이 가능하다. 이들은 통일 후 겉으로는 훨씬 나아졌는데, 예를 들어 좋은 직장에서 돈도 많이 벌고 서구의 사치스러운 삶을 영위하게 되었지만, 결코 더 행복하지는 않은 것이다. 물질적인 향상이 사람들의 마음까지 자유롭게 해주지는 않으며, 훨씬 높은 생활수준과 민주주의적 자유도 어린 시절 마음의 상처를 낫게 해주지는 못한다.

어머니 없는 동독사회가 만들어낸 결과를 한마디로 표현하면, "나는 가치가 없어!"이다. 이로부터 내적인 마음자세와 태도가 나오는데, 즉 "모든 것은 아무런 의미가 없어!" "나는 어떤 것도 할 수 없어!" "그들은 우리와 함께 그런 일을 할 수 없어!" "그들이 우리를 보살펴야 해!"와 같은 표현들이다. 이렇듯 자신을 부정적으로 평가하고, 수동적으로 기다리는 자세는 독일의 통일을 더디게 만들었을 것이다.

너무 일찍부터 어머니의 손에서 벗어나 자란 사람은 자신이 사랑스럽지 못하며, 자신이 무언가 잘못되었다고 믿어야 한다. 왜냐하면, 나의 어머니는 아무런 이유 없이 그렇게 할 사람이 아니기 때문이다! 혹은 먹고 살기 위해 어머니는 일하러 갈 수밖에 없었다는 이유라도 있어야 한다.

하지만 바로 그 같은 이유가 어머니의 솔직한 입장을 은폐하곤 한다. 어머니가 자신의 모성애 결핍을 숨기기 위해 일하러 가야 한다고 핑계를 대는 것과, 어쩔 수 없이 아이와 떨어져 있지만 어머니의 사랑이 아이의 외로움과 고통을 진정시켜주는 것은 본질적으로 분명한 차이가 있다.

서독 — 어머니 없는 사회

　　1945년에 서독이 출범했을 때의 상황은 동독과 비슷했다. 전쟁에서 승리를 거두었던 연합군은 서독에 민주주의를 처방했다. 그리하여 전국민 재교육이 실시되었는데, 이는 겉으로 보기에는 재교육이었지만 실제로는 그렇지 않았다.

　서독 사람들은 자신들에게 존재하는 인격분열과 '내적인 파시즘'의 원인이 초기장애 때문이라는 것을 인지하지 못했고, 비애, 고통, 수치, 후회 등과 같은 모성적 감정을 표출할 수 있는 영역도 제공받지 못했다.

　나치를 추종했던 부모들이 대부분 전쟁이 끝난 뒤 민주주의를 건설하는데 참여했다는 사실에 대해 누구도 놀라지 않았다. 그러니 내적으로는 파시스트인 사람들이 겉으로 민주주의를 어떻게 구축해야 할지에 관해 토론 따위를 벌이는 일은 애초부터 없었던 것이다. 그런데 놀랍게도 이 과제는 경제기적을 통해서 성공리에 추진되었다. 이제 모든 사람들이 복지를 누릴 수 있다는 희망에 찬 약속을 하자, 끔찍한 초기장애를 앓고 있던 독일 사람들은 신속하게 다시 일어나서 유능한 복지국가의 시민이 되려고 노력했다.

　그와 같은 약속은 비이성적인 과대망상에 빠져, 마음속 깊은 곳에 있던 상처를 이해할 수 없는 범죄행위로 분출해버린 독일 사람을 신속하게 제자리로 돌려놓았던 마법 같은 주문이었다. 사실 사람들은 자신의 마음속에 있는 상처에 관해서 아무 것도 알고 싶지도, 느끼고 싶지도 않았던 것이다.

서독이 집단적으로 자신들의 행동을 부인한 탓에, 결국 1968년의 학생운동과 훗날 적군파(RAF)* 테러리즘이 나오게 되었다. 어쨌거나 대학생들의 데모로 인해 권위적인 구조와 격렬한 논쟁을 벌이는 일이 가능해졌고, 다른 한편으로 '어머니 없는' 사회구조는 1968년 이후 좀더 세련되고 효과적으로 정비될 수 있었다. 사회는 격렬하고 비판적인 대학생들의 반항에 처음에는 몹시 놀랐지만, 그후 무언가를 베풀고 제공하는 어머니로서의 능력을 훌륭하게 발휘하여, 반권위주의적인 자유방임주의로 변해버렸다.

그러나 이 자유방임주의는 아이들에게 반드시 필요한 한계도 정해주지 않은 채, 멋대로 하라는 식으로 내버려두는 바람에 사람들에게 다시금 충격을 안겨주었다. '자유로운 사랑'은 정신적인 성숙과 독립이라는 말과 동의어로 통용되었지만, 그런 사랑은 개인적인 발전에 아무런 뒷받침이 되지 않았고, 피할 수 없는 감정적인 관계조차도 비웃었다.

자유롭게 논쟁을 벌이는 새로운 문화가 생겨나자 정말 뛰어난 생각과 분석들은 지나쳐버렸고, 자유로운 생각을 표현해도 아무런 반향이 없었다. 동독에서는 단 한마디 비판으로도 정치체제 전체를 동요시킬 수 있었다면, 1968년 이후의 서독에서는 말이란 '어떤 말이든

★ Rote - Armee - Fraktion의 줄임말로, 좌익 테러 단체였다.

해도 된다'라는 정글 속에서 힘과 효력을 잃어버린 제품이 되었던 것이다. 베풀고 사랑하는 마음으로 격려와 용기를 주었지만, 결국 서독 사람은 자유방임주의로부터 아무 것도 얻지 못했으며, 오히려 무능하기 짝이 없는 금치산자가 되어버렸다.

나는 권위주의를 어머니 부재 혹은 모성애 장애로 인해 생긴 결정적인 결과로 본다. 사랑을 받지 못한 아이는 내적으로 불안하기 때문에 '지도자'라는 인물 안에서, 그리고 엄격한 규율 안에서 외적인 안정을 얻고자 한다. 초기장애를 입은 사람들은 안정을 얻기 위해 권력을 지향하거나, 혹은 노선을 정하고 적응을 하고 동조자가 된다. 반권위적인 폭동은 기본적으로 어머니의 반란이며, 실제로 남자들이 지배하는 가부장적 권력에 대항하는 것이다.

아버지가 지배하는 국가, 다시 말해 권력을 쥐고 있는 남자들은 이에 대처하는 것이 자신들의 의무라고 느낀다. 권력을 쥔 남자들은, 어떤 심리적인 이유 때문에 사람들이 '아버지의 원칙'에 반항하고 잔인한 폭력을 행사하는지 전혀 이해하지 못한다.

그리하여 '아버지들'은 또다시 '아이들'을 배반하는데, 어머니로부터 사랑받지 못할 수도 있다는 경험을 직접 했지만 그 사실을 아이들에게 숨기는 것이다. 국가는 잔인하게 폭동을 진압하고, 이런 식으로 막강한 권력을 쥔 남자들은 자신들의 힘과 능력을 증명할 수 있다. 그러나 테러의 원인에 대한 시급한 의문은 다시금 덮어두거나 은근슬쩍 넘어간다.

왜 사람들은 도저히 이길 수 없는 권력에 대항하여 무차별적으로 사람을 죽이고, 남의 손에 죽지 않으면 결국에는 스스로 목숨을 끊는 것일까? 이와 같은 경우에 우리는 정치적인 원인을 유일한 설명으로 간주해서는 안 되고, 심리적인 원인을 파고들어가야 정확한 진실을 알 수 있다. 그러다 보면 테러리스트들이 사랑을 받지 못했고, 핍박을 받았고, 거부를 당한 사람들임이 드러난다.

아버지들이 대표로 과녁이 되는 경우는 많은 가정에서 볼 수 있다. 나약한 어머니 혹은 사악한 어머니는 스스로 아이와의 문제를 해결하거나, 자신의 모성애 장애를 인정하는 대신에 아버지를 이용해 아이를 위협한다. 그러면 모성애 장애가 있는 아버지는 자신의 아내나 마음속에 들어 있는 어머니와 담판을 짓는 대신 실제로 아이에게 벌을 주거나 혹은 슬그머니 도망을 친다. 일, 무대, 권력투쟁, 술집, 주먹질, 그리고 늘 그렇듯이 전쟁터로!

테러는 국가권력에 '남성적인' 힘을 증명할 수 있는 기회를 제공한다. 사실 이때 무엇보다 필요한 것은 어머니처럼 이해해주고 안아주며, 광란이 되어버린 불행을 감싸주는 일인데 말이다.

1968년 사이비 혁명가에 속했던 사람 중에서 많은 사람들이 명성과 권력, 돈을 얻었고, 물론 그렇게 함으로써 나약해졌다. 그들은 결국 사랑스럽고 용감한 아이처럼 되었는데, 모든 것은 그다지 심각한 상태가 아니며, 이런 상태에서도 잘 살 수 있다고 믿게 된 것이다. 다시 말해, 그런 식으로 현실과 타협함으로써 그들은 '어머니'와 다시금 화해한 것이다.

자유주의적 민주주의가 서독에서 모성애 장애를 앓고 있던 사람들을 어떻게 통제할 수 있었는지 묻는다면, 그 대답은 다음과 같다. 즉, 이미 앓고 있던 어머니 부재와 모성애 중독을 계속 지속시키거나, 새로운 형태로 어머니 부재와 모성애 중독을 투입해서 그렇게 할 수 있었다는 것이다.

훌륭한 모성애란, 사람들에게 진정으로 자신을 발견할 공간과 시간을 마련해주고, 사람들의 입장에서 느껴주고 이해하도록 노력하며, 안전하게 보살피고 자유를 주며, 관계를 맺어주고 지탱해주며, 마지막으로 더 많은 독립과 자립을 주면서 사랑하는 관계를 유지하는 것이다. 하지만 나는 서독사회에서 이런 훌륭한 모성애의 징후를 발견할 수 없다.

무엇보다 시장이 채워지지 않은 욕구를 보상해주는 사회에서의 인간관계란 돈에 의해 중독된다. 돈은 과대평가를 받고 있는 이상이자 물신숭배의 대상이 되었다. 돈이 지배하는 사회는 사랑을 잃어버렸다. 그리고 사랑을 가장 적게 가지고 있는 자가 돈을 제일 많이 필요로 한다. 사랑을 살 수 없다는 사실은 모두들 알고 있으나, '돈으로 살 수 있는 사랑' 사업은 번창하고 있다. 물론 사랑에 대한 환상을 파는 것이기는 하지만 말이다.

어머니가 없는 사회는 당연히 경쟁사회가 될 수밖에 없으며, 병적 욕망이 난무하는 문화와 나르시스적인 국민성을 발전시킬 것이다. 떠들썩하게 성공을 거둔 시장경제는, 초기장애를 입은 사람들에게 의지할 수 있는 구조를 제공한다. 시장경제는 개인의 자유를 제한하고 새롭게 종속될 수 있는 물질을 계속 만들어내는 환경을 제공한다.

성과를 올리려는 노력은 소외현상을 더욱 부추기며, 그런 노력은 원래 어머니의 관심과 인정을 받으려는 의도에서 나왔다. 모든 노력에 대한 보상은 어머니의 칭찬 내지 그녀가 안심을 시켜주는 것이지 진정한 사랑이 아니다.

이렇듯 아이들은 성과를 올리는 사람으로 전락하고, 훗날 시기심과 명예욕에 사로잡혀 무자비한 경쟁을 펼친다. 왜냐하면, 살아남기 위해서는 경쟁할 수밖에 없기 때문이다. 그리고 이들은 중독될 가능성이 있는 것들을 더욱 늘리고, 미친 듯이 성장을 가속화시키며, 노력해서 얻은 소유물을 방어할 수 있을 때까지 정신을 바짝 차리고 살아간다.

이런 사회에서 볼 수 있는 어머니 부재의 사회적 메커니즘은 결국 강자만 대우받는 문화, 상대를 밀어내고 출세하려는 성향, 친밀한 인간관계를 기피하는 현상을 만들어낸다. 성과, 존경, 오락, 이 세 가지는 바로 서구사회가 어머니 부재를 보상하기 위해서 기울이는 노력이다.

이들은 "능력 있는 자만이 살아남는다!" 라고 외친다. 나는 진정한 내가 아니기 때문에, 나로부터 무언가 중요한 사람을 만들어내야 하는 것이다. 그리하여 싸구려 신문과 잡지를 파는 사업이 호황을 누리고 있는데, 알다시피 그곳에는 잘나고 잘 사는 사람들에 관한 이야기만 잔뜩 실려 있다.

점차 사람들은 상대를 배려하지도 않고 동정심도 없으며 친밀한 인간관계도 맺지 않으려고 한다. 경쟁에서 살아남기 위해, 늘 유연하고 유동적이며 공격적이어야 한다. 이로써 어머니 부재의 증상들은 사회 전반에서 육성되었다고 볼 수 있다.

결국 부족한 애정과 초기 인간관계에서 입었던 장애는 사회적으로 지극히 정상적인 것이 되고, 어릴 적 자신을 받아들이지 않아서 얻게 된 두려움과 분노는 분배투쟁을 하며 해소하게 된다. 그리고 심리적 결핍과 초기의 모욕감은, 소비에 도취되고 소유욕과 권력욕에 사로 잡혀 있어 겉으로 잘 드러나지 않는다.

이때 국가는 거칠고 무례하기 짝이 없는 시장원칙에 적응하기를 요구한 대가로 복지와 오락, 재미거리를 제공해야 한다. 성과위주의 사회는 사람들을 승리하도록 강요해서 결국 패자를 만들어낸다. 이웃과 친구도 언젠가는 형제처럼 경쟁의 대상이 될 수 있다. 형제들은 형이나 동생 때문에 어머니로부터 애정을 받지 못한다고 믿어 서로 엉켜 싸웠던 것이다. 알고 보면 형제간의 경쟁은 어머니가 사랑할 능력이 없다는 사실을 간파하는데 도움이 된다.

서구 라이프 스타일의 효과를 보면, 초기 모성애 결핍의 경험이 재현되고 있다. 즉 성공은 사람을 고독하게 만들고, 부는 보호를 필요로 하며, 보험회사는 불확실한 미래를 빌미로 먹고 산다. 시장경제는 존재의 불안을 촉진하고, 부는 건강하지 못한 삶으로 유혹한다. 그리하여 의학은 손상을 입은 채 잘못 살아가는 삶의 결과를 외적인 수단(약품이나 치료)을 통해서 다시 치료해준다. 물론 사람들의 삶의 기본은 전혀 향상되지 않은 채 말이다.

우리는 항상 환자, 심리치료사, 사회가 모두 결탁하여 어떤 위험에 연루될 수 있다는 점을 생각해야 한다. 어머니가 없는 환자가 제일 원하는 것은 보살핌을 받는 것이고, 누군가 자신의 고통을 덜어주거나 제거해주는 것이다. 이런 환자는 수동적이며 예속적일 수밖에 없다. 따라서 만일 환자에게 자신을 인지하고 변화시켜야 한다고 말해주면, 대체로 강하게 저항한다.

또한 의사들도 돈을 벌기 위해 직업에 종사하므로 끊임없이 위험에 빠질 가능성이 있다. 예를 들어, 실제로 필요하지 않은 치료를 판매하거나, 필요 이상으로 환자를 오래 치료하려고 하며, 실제로 환자가 직접 실천에 옮겨야 하는 변화나 결과는 고려하지 않은 채, 단순히 나타나는 증상만 가지고 치료하려는 위험을 말한다.

심리치료사가 되어 남을 도와주는 직업은 자신의 어머니에 대한 그리움을 숨기고, 일을 통해서 간접적으로 인정받고자 할 때 도움이 된다. 이런 경우에 심리치료사들은 필요 이상으로 환자를 도와주며, 적당한 시기에도 환자를 놓아주지 않고, 게다가 환자로부터 인정과 칭찬, 감사를 기대한다.

어떤 사회든 평화, 질서, 안전이 자리잡기 원하는 법이다. 사회는 병원과 의사들이 갈등을 해소하거나 완화시켜주고, 사람들을 안심시키고 위로해주며, 사회의 규칙에 적응하는 것을 도와주기를 기대한다. 이로써 '어머니 없는' 사회는 의학적으로 변해서, 의사들이 모성애에 중독된 어머니처럼 행동할 위험이 커진다.

정치계, 의료보험, 의사들 사이의 투쟁이 점점 격렬해지는 것을 통해 그것을 은폐하려는 성향을 엿볼 수 있다. 즉, 이들은 무엇이 사람을 진정으로 병들게 하는지, 어떤 삶의 형태가 지금보다 더 건강한지, 우리는 어떤 의료개혁이 필요한지에 대하여 진지하게 묻지 않고, 자신의 이득을 위해 목소리만 높이는 경향이 있다.

초기의 인간관계 장애를 훗날 정치적 투쟁이나 분배투쟁과 관련시킨다면, 많은 사람들은 내가 심리주의를 지나치게 과장해서 적용하려는 것이 아닌가 하고 생각할 수도 있다. 나는 다른 요소들을 거부하는 게 아니라, 단지 사회·심리적인 입장을 따를 뿐이다.

다시 말해, 어떤 행동의 동기에는 반드시 사회·심리적인 견해가 한몫을 하며, 이를 설명할 필요가 있다는 것이다. 특히 사회적 태도가 점점 비이성적으로 변하거나, 집단적으로 비정상적인 모습을 보일 때, 그리고 이를 더이상 이성적인 대화로 해결할 수 없을 때에는 사회·심리적 입장으로 해석할 필요가 있다.

만일 우리가 사람들의 사회·심리적 태도를 초기의 무의식적인 동기에 따라 분석하고 이해하는 법을 배웠다면, 우리는 보다 많은 것을 알 수 있었을 것이다. 예를 들어 배우자 선택, 직업 선택, 종교 선택, 선거 양태, 도덕적인 견해 같은 요소도 바로 그런 것에 영향을 받는다.

사회가 비정상적으로 발전할 때, 초기장애에서 생긴 병리증상을 집단적으로 발산할 수 있다는 중요한 발견을 나는 독일역사에서 얻게 되었다. 왜냐하면, 어떤 비정상적인 정부(정신질환이 있었던 히틀러, 변태적이었던 나치, 구동독에서 '스타지'로 불렸던 국가안전부)도 국민 다수의 지지가 없다면 존재할 수 없기 때문이다. 즉, 국민은 그와 같은 당국에서 어머니를 대신해주는 대용품, 가령 소속감, 보호와 안전, 보살핌을 찾으려 하고, 그런 소망을 가지고 있으므로 쉽사리 눈이 멀어버린다. 또한 그렇게 함으로써 초기의 불행했던 상처를 숨겨둘 수 있는 것이다.

좀더 나은 삶에 대한 희망뿐 아니라 정치적인 실패에 대하여 실망과 분노를 터뜨리는 일, 그리고 독재자에 대한 두려움은 진정한 내적 상태로부터 주의를 돌리게 해준다. 따라서 권력자들은 거짓 약속을 하고, 거짓 낙관주의를 퍼뜨리고, 책임을 전가하며, 적을 만들어야 한다는 유혹을 받는다.

독일 사람이 나치즘을 발전시켰을 뿐 아니라, 대중의 심리적인 위기상태에 외적인 형태를 부여하기 위해서 나치즘 같은 것이 필요했었다는 사실을 우리가 파악할 수 있다면, 우리는 과거를 규명하는 작업에서 한 발자국 더 전진할 수 있었을 것이다.

오늘날 우리는 당시 그들에게 미래에 대한 비전이 없었다고 믿어서도 안 되며, 그들이 개인적으로 진실과 대면할 용기가 없었다거나, 행동에 옮길 수 있는 결정적인 힘이 없었다고 믿어서도 안 된다. 이것은 절대 그렇지 않다. 그들이 만일 올바른 소치를 내렸더라면, 다수의 유권자로부터 표를 얻지 못했을 것이다. 즉, 다수의 유권자들은 변하는 것을 원치 않았고, 그들 스스로도 살기 위해서 거짓이 필요했던 것이다.

나는 당시 시민의 대다수가 성숙한 성인이었다고 간주하지 않으며, 초기결핍을 경험했고 그 때문에 쉽게 유혹을 당하는 사람들이었다고 본다. 이는 광고의 슬로건이 내세우는 기괴한 약속들과, 많은 효과를 거두었던 선거전 연설문을 유심히 들여다보면 알 수 있다. 우리는 우리 자신에게 무언가 약속하고 자신을 속이기 위해 얼마나 우스꽝스러운 쇼를 받아들였는지 이해할 수 있다.

미용비누, 담배, 체력단련 기구, 멋진 자동차를 통해서 얻을 수 있는 삶, 이른바 좀더 나은 삶에 대한 신화야말로 소비사회의 원동력이 되었다. 소비사회에서는 물질로 내적인 결핍을 충족시켜주어야 한다. 서구사회의 '어머니 부재' 결과는 이제 정상적인 현상으로 전도되었고, 다음의 몇 가지 표현으로 종합할 수 있다.

- 🍁 시간은 돈이다 ― 멈추고, 받아들이고, 느끼고, 성찰하고, 명상할 시간이 없다.
- 🍁 모든 것을 예상해야 한다 ― 이런 식으로 인간관계마저 상품화된다.
- 🍁 돈이 세상을 지배한다 ― 이것은 사랑이 아니다!
- 🍁 무언가 이루어내고, 그런 다음 소유하고, 그리고 나서 네 자신이 되라 ― 이것은 사람들이 애정결핍으로 인해 죽을 때까지 추구하는 삶의 사이클이다.
- 🍁 노력하라! ― 그렇지 않으면 너는 받아들여지지 않는다.
- 🍁 매력적인 외모 ― 내적인 고통을 숨겨준다.
- 🍁 풍부함 ― 실제로 부족한 것을 감추어준다.
- 🍁 다양함 ― 주의를 다른 곳으로 돌리게 해준다.

🍁 너를 소개하라! — 실제의 너를 보여주어서는 안 된다.

🍁 너를 팔아라! — 그외에 팔 것이 없기 때문이다.

🍁 스스로를 도와라! — 너는 그밖의 다른 방법을 배우지 않았다.

🍁 즐겁게 살기 위해 건강할 것 — 충족되지 않은 초기의 그리움에
   서 도주하기 위해 필요하다.

　사랑의 결핍은 돈에 지나치게 많은 의미를 부여한다. 어린 시절 제
대로 인정받지 못한 사람들은 자기에 관해서 표현하려는 갈증을 느
끼고, 욕구가 충족되지 않은 사회는 재미를 추구하는 사회가 된다.
잃어버린 행복을 찾는 가운데 개인의 출세와 경제성장에 중독된 사
회가 만들어진다. 부족한 인간관계는 경쟁을 낳고, 결국 전쟁을 일
으키고 만다.

참된 모성애가 부족한 나라, 독일의 통일[1]

　　독일의 통일은 남자들에 의해서 이루어졌다. 즉,
독일통일의 주역은 고르바초프, 콜, 셴셔, 드 메시어, 그라우제,
쇼이블레이다. 그러므로 이들이 어떤 어머니를 두었는지 자세하게
연구하는 것은 아주 흥미로운 일일지도 모른다.

　　이런 의문은 그들이 어린 시절을 회상한다고 해서 풀리지 않는다.

---

[1]　H - J. Maaz, 『붕괴된 민족 — 불행한 통일』, 베를린, 1992 참조.

왜냐하면, 사람들은 대부분 어린 시절을 있는 그대로 회상하는 것이 아니라 많은 부분을 미화시키기 때문이다. 어린 시절에 모성애 결핍을 겪었다는 사실을 떠올리면 당연히 괴로움을 느낄 것이므로, 이런 것을 막으려는 의도에서 진실을 왜곡하게 된다.

어떤 일을 한 다음 마땅히 그에 따르는 인정을 받아본 적이 없는 이들은 마음속에 깊은 상처를 입게 되며, 이 상처는 그들에게 자신이 누구며 어떤 능력을 갖고 있는지 증명하도록 부채질한다. 그래서 이런 사람들은 사생활도 기꺼이 포기하는데, 자신을 보호하기 위해 사생활의 진실과 친밀한 인간관계에서 도피하는 것이다.

이들은 오직 앞을 향해 나아가고, 흔히 공허한 낙관주의로, 거짓 약속으로, 유권자들을 의식적으로 속이려는 의도("국민을 불안하게 해서는 안 됩니다!")로 정치활동을 하면서 자신의 보호본능을 가장 잘 유지할 수 있다.

어쨌거나 독일의 통일은 승리감에 흠뻑 취한 서독 사람의 감격과 구원을 희망했던 동독인의 그리움이 어우러져서 이루어졌다. 동독 사람은 현실을 제대로 파악하지 못했기에 자신들이 구원되리라는 환상에 빠질 수 있었다. 그들은 자신들의 초기환경을 다르게 해석하는 연습을 해온 것처럼, 진성한 의미에서의 통일에 대하여 한번도 진지하게 생각해본 적이 없었다.

그런 형편이었으니 공동의 헌법 — 통일 전 서독의 기본법에 따르면 가능한 것으로 되어 있고, 심리적으로도 필요했을지 모른다 — 이 나올 리가 없었다. 공통된 사회형태와 삶의 양식을 찾으려는 노력이나, 적어도 사회 · 심리적으로 가까워질 수 있는 제3의 길을 모색하려는 노력은 애초부터 없었다. 양측의 그 누구도 그렇게 할 준비를 하지 않았고, 만일 그렇게 했더라면 자신들이 살았던 조건들을 성찰하고 반성할 수 있었을 것이다.

동독에서는 강압적이고 권위적인 교육으로 인해 복종하는 태도가 대중화되어 있었고, 그런 태도의 본보기인 '질서' '훈육' '복종' 은 '신민 신드롬' 의 바탕이었으며, 적어도 사람들을 어떤 일에 가담하게끔 만들었다.

서독에서는 전쟁 빚을 갚기 위해 경제적인 성공을 가장 원했다. 이는 어마어마한 노력과 '성과' '경쟁' '추진력' 을 강조하는 가혹한 시장조건에 적응함으로써 얻을 수 있는 목표였다. 빠른 경제성장은 상처 입고 장애를 입은 마음에 보너스를 주고, 새로운 '지배자 신드롬' 을 구축하기에 적합했다.

이처럼 사회 · 심리적으로 서로 극단에 있는 것(신민 / 지배자)을 사람들이 문제로 삼은 적은 한번도 없으며, 통일과정에서도 이것의 의미가 희석되지 않았다. 그리고 사람들은 그런 극단이 전후의 어머니 없는 상황으로 동서독에서 각각 나타난 결과로, 한 측면만 과도하세 나타난 모습이라고 보지도 않았다. 사람들은 동서독으로 나뉨으로써, 다시 말해 외부세계를 선과 악으로 나눔으로써, 내적인 분열상태를 감출 수 있었다. 그리하여 동서독 사람들이 공동으로 겪었던 모성애 장애 신드롬은 상대를 미워하면서, 혹은 무비판적으로 이상화함으로써 정치적으로 지속될 수 있었다.

고려해볼 필요가 있다고 제기된 '제3의 길'은 비웃음을 받으며 거절당했는데, 이는 국회 민주주의와 사회주의적 시장경제와 관련해서 다른 대안이 없다는 이유에서였다. 물론 그 사실은 의심할 바 없지만, 많은 비평가들이 그 사실에 대하여 다음과 같이 이의를 제기했다. 즉, 동독인은 시장경제가 지배하는 민주주의를 진지하게 연구할 생각조차 않았으며, 혹은 그 문제에 대하여 다양한 토론도 하지 않았다는 것이다. 따라서 진실로 통일이란 일어나지 않았으며, 단지 동독이 굴복하고 서구화되는 형태의 참여였다던 것이다. 그래서 내적인 일체감은 아직 요원한 일이며, 머릿속에 존재하는 장벽도 여전히 남아 있다는 사실을 받아들여야 한다.

내적으로 일체감을 느끼려면 얼마나 오래 걸릴까 하는 물음에 대한 대답에서 매번 그 기간은 점점 늘어나고 있다. 여기서 사람들이 모르고 있는 사실은, 전제 자체가 부적합하다는 점이다. 왜냐하면, 통일 과정에서 유일하게 중요시했던 문제는, 동독 사람이 서구의 상황에 적응하고 그에 맞는 태도를 익혀야 하는 것이라고 가정했기 때문이다. 마치 당연히 그렇게 해야 하는 것처럼 말이다.

하지만 그와 같이 동화되려면, 어머니 부재를 동독 사람도 서독 사람과 동일한 방법으로, 즉 물질적인 복지라는 수단으로 보상할 수 있어야 가능하다. 그러나 무자비한 경쟁으로 동독의 공장들은 하나 둘씩 문을 닫았고, 토지와 부동산, 그리고 생산수단의 대부분은 서독 사람의 손에 들어갔으며, 관리자는 대부분 서독 사람들로 채워졌다. 이런 상황이니 분열은 계속 유지되거나 심지어 더 심각해질 수도 있을 것이다.

은폐하고 있는 어머니 부재의 관점에서 보면 다음과 같은 추측을 할 수 있다. 즉, 동독은 앞으로도 가난을 벗어나지 못할 것이고, 독일 땅덩어리 가운데 약하고, 무시당하고, 감사할 줄 모르고, 게으르고, 멍청하고, 보기 싫은 부분으로, 또다시 선과 악이라는 이분법 안에서 동독과 서독에 사는 사람들이 서로를 배척할 목적으로 이용될 것이다. 훌륭한 모성애라면 통일과정에서 인간의 내적인 발전을 제일 중요하게 여겼을 것이다. 다시 말해 심리적인 압박을 받으면 어떤 일이 생기는지 이해하고, 마음에 입은 손상을 감정적으로 소화시키며, '내적인' 민주주의라는 의미에서 좀더 새롭고 성숙한 태도를 습득하는 것이다.

이를 위한 모성애적 특징은, 받아들이고, 좋아하고, 지원하고, 용기를 주고, 자유롭게 풀어주는 것이다. 하지만 현실은 이와 반대로, 미친 듯이 이윤만 추구하고 권력만 탐하는 '어머니 없는' 사람들이, 복종할 준비를 갖춘 '어머니 없는' 사람들을 습격해버렸다.

그리하여 아이들이 어머니의 욕구를 위해 악용되는 전형적인 관계가 설정되었다. 귄터 그라스는 이를 두고 '동독이라고 불리는, 값싸게 구입한 물건'이라고 말했다. 아이를 낳고, 부양하고, 보호하는 어머니의 능력들은 철저하게 상실된 것이다. 나는 이와 같은 비유를 통해서 다음과 같은 언어적 유희를 펼치고 싶다.

구동독과 많은 아이들의 운명을 비교해보면 비슷한 점을 쉽게 발견할 수 있다. 즉 '아이'에게는 독자적으로 발전할 수 있는 여지를 주지 않았다는 것이다. 아이는 '어머니'의 이득을 위해서 그리고 나르시스적 만족을 위해서 이용되었다. 즉, 동독이라는 '아이'로 인해 서독이라는 '어머니'가 얻게 된 것은, 정치체제끼리의 경쟁에 승자가 되었다는 자부심에서부터 시작해 통일을 이루어내었고, 동독지역의 개발을 돕는 자들에게 성공할 기회를 주었다. 또한 은행, 보험회사, 자동차 산업, 그밖의 대기업들이 거둔 어마어마한 이득도 있으며, 역사에 이름이 남기를 원했던 수상도 있었다.

이는 릴리스 콤플렉스가 있는 어머니가 행하는 거짓과 거의 비슷하다(아이를 싫어하는 마음이 없다고 거짓말한다). '그 누구도 못살아서는 안 돼!' '우리 — 어머니 같은 독일연방공화국 — 는 모든 것을 사랑하는 마음으로 한다. 너희를 사랑하는 마음으로!' '너희가 얻게 된 자유를 기뻐하고 감사하라! 우리는 너희에게 우리가 가지고 있는 것 중 가장 좋은 것을 준다. 우리의 돈을!'

그래서 통일을 기념해 모든 동독 사람에게 선물했던 돈은 마치 『헨젤과 그레텔』에서 집 모양으로 만든 초콜릿과자와 같았다. 물론 배가 고팠던 헨젤과 그레텔은 미친 듯이 과자를 뜯어먹었다. 마녀로부터 보호받지 못한 채 말이다. 동화가 어떻게 끝이 나는지 다들 알고 있을 것이다.

아이를 부양한 것은 무엇보다 돈이었지만, 이 돈을 먹고 소화를 시키자 결국 이것은 비료(이득)가 되어 다시 '부모의 손'으로 흘러들어갔다. 처음에는 모성애 중독이 외치기를, "우리처럼 돼야 해. 그러면 모든 것이 잘될 거야! 노력하고, 부지런해야 해. 우리는 이 모든 것을 이루어놓기 위해 몸이 가루가 될 정도로 열심히 일했지"라고 하였으나, 이제 들려오는 말은, "정말 너희들은 아무 짝에도 쓸모가 없어! 너희들은 우리에게 부담이 될 뿐이야. 너무 게으르고, 뒤틀렸으며, 옹졸해"이다.

이는 바로 초기장애를 입었던 사람들이 전통적으로 겪는 운명이다. 즉, 환영받지 못하며, 적응과 복종을 하고, 무시와 모욕을 들으면서도 계속 봉사하게 된다. 기쁘고 눈부시던 탄생의 시간은, 요컨대 새로운 삶에 대한 희망으로 가득 찬 행복감은 어머니를 너무 놀라고 두렵게 했던 것 같다. 그리하여 어머니는 부양의 고삐를 통해 점유와 종속을 강요했으며, '신생아'의 활기를 통제했다.

희망에 찬 생기, 왕성한 활동욕구, 행복에 젖은 계획들, 창의적인 노력은 1989 ~ 90년 아직 동독이었던 시절에 감정적으로는 물론 정신적으로도 활짝 피어 있었다. 그러나 보호해주는 서독문명에 동독이 선교당했을 때 그와 같은 모든 것들은 한꺼번에 사라져버렸고, 심지어 동독 사람은 저항조차 하지 않고 포기해버렸다.

이런 현상은 동독 사람에게 어딘가에 미친 듯이 예속되어야 한다는 것을 증명해줄 뿐 아니라, 신경질적으로 우월권을 주장하는 서독 사람처럼 초기 그리움을 숨긴 채 살아야 하며, 많든 적든 실망감과 불만을 사회에 폭발해야 한다는 것을 의미한다. 환상적인 희망 다음에는 상대에 대한 증오에 찬 경멸이 뒤따르는 법이다.

동독은 서독과 무언가 다를 수 있다는 점 — 아이는 어른의 기대를 충족시키지 못한다! — , 동독에도 무언가 의미 있는 것이 있을 수 있고, 심지어 서독보다 더 좋은 것이 있을 수 있다는 것은 부모에게 참을 수 없는 일이고, 아이에게도 생각할 수 없는 일이다.

노동과 수택에 대한 권리, 적어도 부랑자가 되지 않을 정노의 사회보장, 이득을 생각하지 않고 환자를 돌보거나, 사람을 돈을 벌 수 있는 대상으로 생각하고 벌떼처럼 몰려들지 않는 건강보험제도, 이런 것들은 민주주의 시스템에 잘 어울리는 기본적인 권리에 속한다. 하지만 서독에서는 그와 같은 중요한 질문에 대해서도 진지하게 관심을 갖는 사람들이 없었다.

원치 않았던 아이는 결국 거절당한 것이며, 기본적으로 문제 있는 아이이니 좋은 점이 있을 리가 없다고 보는 것이다. 왜냐하면, 서독의 삶의 방식은 기본적으로 '열악한 상황'에서 '좋은 삶'을 살 수 있다는 자체를 의문시하기 때문이다. 때문에 그런 생각조차도 '동독 스타일이고' '구식이며' '감사할 줄 모르는' 사고방식이라고 중상모략을 당한다.

하지만 대부분의 동독 사람은 동독의 '가족구조'에 순응해 있었고, 정치적인 억압과 물질적인 부족을 방어하고 승화시키기 위해서 다양한 인간구조(가령 이웃돕기, 즉석에서 해결하는 기술, 물물교환, 틈새문화)를 구축해놓았다. 사람들은 서로 도와주고, 물품을 조달하고, 공동의 적을 반대함으로써 연대감을 느끼고 이로부터 만족감을 얻을 수 있었던 것이다. 그리고 음식과 섹스는 욕구를 만족시켜주는 기초적인 원천으로, 언제든 충분히 취할 수 있었다.

이것이 바로 '좋은 삶'이었으며 정치나 돈과는 별 상관이 없지만 개인적인 성공과 인정을 얻을 수 있었다. 역설적이게도, 억압하는 정치가 이렇듯 사람들 사이의 유대관계를 더욱 장려했던 것을 엿볼 수 있다. 정반대로 사람들에게 무한한 자유와 물질적인 풍요를 누리게 해준다는 제도는 사람들과의 관계를 더욱 우롱하고 황폐하게 만들고 있다.

'어머니 없는' 동독 사람은 초기결핍이라는 무의식적 위기상황을 보완할 수 있는 사회적인 친밀함과 연대를 만들었다. 이 연대는 정치적인 적에게 자신들의 적이라고 믿는 대상을 발견했다.

그리고 역시 초기결핍이 있었던 '어머니 없는' 서독 사람은 개인주의와 나르시스적인 만족(소비, 명예욕, 오락)을 통해 결핍을 보상하는 법을 배웠다. 그리하여 이들은 자신의 '재산상태'가 조금이라도 축소되면 이를 존재의 위협으로까지 받아들인다. 때문에 이들은 자신들의 사회적인 태도와 외양과 전혀 다른 동독 사람들의 태도, 즉 자신들보다 훨씬 직접적이고, 개인적이며, 친구처럼 대하는 그들의 방식을 보고 놀라며 거부감마저 느낀다.

그런가 하면 동독 사람은 겉치레, 금고 상태, 세일 가격으로 물건 구입하기, 대단한 성공, '죽여주는 경험'처럼 분주하게 싸돌아다니는 삶에 진저리가 나버렸다. 그와 같은 삶에서 이들은 더이상 팔꿈치를 부딪히면서 서로 이해할 수 있는 그런 인간적인 사람을 발견할 수 없기 때문이다.

동독 사람과 서독 사람이 살아가는 모습은 가족의 모습에서도 찾을 수 있다. 형제들은 비록 부모로부터 사랑받지 못한다 하더라도 서로 반대되는 성향을 개발하고 발전시켜서, 부모에게 나은 인정이나 관심을 받을 수 있지 않을까 하는 희망을 가진다. 이런 상태에서 형제 사이의 연대는 모든 국가의 프롤레타리아가 합치는 일처럼 거의 불가능하다. 그렇게 되면 책임을 다른 사람에게 전가할 수 없고, 함께 고통을 당해야 하기 때문이다.

숨쉴 수 있는 진정한 자유

통일된 뒤 동독사람은 흔히 이런 말을 듣곤 한다. 이제 그들은 마침내 자유롭게 되었고, 마음껏 숨을 내쉴 수 있으며, 무엇보다 기쁘고 감사할 수 있다고 말이다. 새롭게 얻게 된 자유에 대하여 퍼붓는 그들의 감격을 서독 사람은 이해할 수 없다. 그러나 이보다 더 끔찍한 순간은, 동독 사람이 고마워하지 않으며, 참으로 둔감하고 소극적이며, 문화적 충격을 받아서 괴로워하는 것 같고, 문명과 충돌할 필요가 있다는 등의 말이 들릴 때이다.

위대한 정치적 성과인 민주주의와 법의 통치라는 말은 동독 사람에게 마치 자유라는 개념처럼 내용 없이 공허하게 들릴 때가 많다. 민주주의란 헌법에 명문화된 국가형태만은 아니다. 사람들끼리 함께 살아가는 형태로 경험할 수 있기 위해, 사람들의 마음에서 우러나오는 참여도 필요하다는 점이 무시되고 있는 것이다.

마음으로 받아들이는 '내적인 민주주의'와 '내적인 자유'로 발전하기 위해서는 마음속에 들어 있는 생각을 억압하는 문제에 대하여 토론해야 하며, 마음속에 들어 있는 부자유를 발견하고 해결해야 한다. 어떻게 어머니의 거짓말과 결핍을 통해서 마음의 부자유가 발생할 수 있었는지를 발견하고 해결해야 한다는 말이다.

릴리스 콤플렉스는, 한 사람이 얼마나 자유롭게 생각하고 느낄 수 있는지, 그리고 다르게 생각하는 사람에게 어떻게 반응하며 그들을 어떻게 대하는지와 관련해서 중대한 영향을 미친다. 물론 외적으로는 부자유스럽지만 내적인 자유가 있을 때도 있고(사랑, 진정한 인간적 태도, 연대적인 관계, 시민들의 용기, 전체주의적 정치체제 하에서 정신적·감정적인 자유), 이보다 더 흔한 경우는, 외적으로는 자유롭지만 내적으로 자유롭지 못한 상태이다(예를 들어, 중독, 물건과 돈에 종속될 경우, 민주주의 체제에서 명예를 얻어야 한다는 압박과 암시를 주는 광고, 그리고 경쟁 압력 등을 통해서).

나는 내적인 자유란 무엇보다 진정한 자아에 대하여 자유로운 상태라고 이해하며, 이렇게 되면 사랑할 능력도 생기고 진실한 대화를 나눌 수도 있다.

'진정한 자아'는 '진정한 어머니'와의 관계를 통해서 만들어진다. 그런 어머니는 바로 '좋은 어머니'로, 아이를 자유롭게 풀어주고 자신만의 고유한 가능성과 능력과 한계를 경험할 수 있게 해준다. 그리고 이런 어머니는 쾌락의 원칙에는 불가피하게 한계가 있다는 점에 대하여 아이와 토론한다. 어쩔 수 없이 아이에게 거절(No!라고 말할 때)할 때는 자신의 문제로 그렇게밖에 할 수 없거나, 혹은 다른 사람의 권리를 고려해서, 또는 아이의 경험으로는 알 수 없는 가치로 인해 허락할 수 없다는 점을 아이에게 이해시킬 수 있다.

어머니가 이런 능력을 갖추려면, 쾌락에도 한계가 있을 수밖에 없다는 현실적인 예상을 할 수 있어야 하고, 물론 어머니가 그런 확신을 갖고 있어야 효과가 있다. 어머니는 굳이 아이를 위협하거나 벌이나 육체적·정신적 폭력을 사용할 필요가 없다.

물론 불가피하게 "노!"라고 말하더라도 아이는 분노할 수 있고 고통과 비애를 느낄 수 있기 때문에, 아이를 이해하는 마음이 필요하며 자유롭게 감정을 표현하는 것을 수용할 수 있어야 한다. 만일 아이가 반항도 하지 않고 고통도 없이 쾌락을 포기한다면, 이는 벌써 아이가 심리적으로 심각한 손상을 입은 상태라고 보아야 한다.

따라서 내적인 자유라 함은, 심리적인 압박과 억압으로부터 자유롭고, 심각한 심리적 상처와 결핍으로부터 자유로운 상태를 말한다. 지나치게 구속하는 부모의 지시사항은 강요, 죄책감, 공포를 통하여 자유를 제한한다. 끔찍한 일을 경험한 아이는 심리적으로 살아남기 위해 그와 같은 경험을 자신의 의식에서 몰아내야만 한다.

하지만 이런 본능적인 보호는 보통 인지능력을 제한하고, 이로써 현실을 왜곡하거나 선별해서 보게 만든다. 그러면 내적인 자유는 감각의 둔화와 인식가능성의 한계 때문에 제한되어버린다.

우리 문화권에서 자주 나타나는 자아병리, 자아의 소외현상, 아이에게 강요하기, 사회적 가치와 규범을 받아들이고 부모의 기대를 채워주기, 교육의 객체로 전락하여 교육의 주체로는 결코 받아들여지지 않는 아이의 경험 같은 것들은, 내적인 자유를 아주 좁은 영역으로 축소시킨다. 결국 비대해진 외적인 자유는 현실적으로 해낼 수 있고 또 성공한 것을 통하여 자유를 판단하게 되는데, 이른바 자유의 의미가 전도되어버리는 것이다.

심리적으로 압박을 받거나 장애가 있는 사람들은 자신의 부자유를 다른 큰 일을 통해서 잊고 지우기 위해, 위대하거나 대단한 실력자가 되려고 노력한다. 무시나 모욕을 당했거나, 심리적인 상처를 받은 사람은 반드시 성공을 목표로 한다. 자신에게 의미를 부여하기 위해서, 또 충족되지 못한 초기의 욕구로 인해 생긴 고통을 진정시키기 위해서 말이다. 즉, 승리감에 도취되어 있거나, 성과·일·출세라는 문제로 정신없이 스트레스를 받고 살다 보면 마음의 고통을 잊을 수 있으므로 그들은 성공을 필요로 하는 것이다.

실제로 존재하고 있는 사회주의 체제에서 볼 수 있듯이, 억압하는 정치 시스템이 강요하는 부자유는 정말 끔찍한 것이다. 하지만 노동 시장에의 종속, 끝없는 경쟁과 능률을 올려야 한다는 강요 역시 그런 정치 시스템 못지않게 자유를 위협한다. 이런 의미에서 실직은 개인적인 실패나 게으름, 인이힘의 성징이 아니다, 사람을 사유롭시 못하게 만들고 종속되게 하는 구조적 폭력의 한 형태이다.

단지 '어머니가 없는 사회'만 실직의 모욕, 비참한 가난, 재화의 부당한 분배를 받아들인다. 왜냐하면, 대부분의 사람들이 훌륭한 모성애를 경험한 적이 없기 때문에 이들은 부자와 가난한 자의 분열을 관대하게 봐주고, 전자가 자신들의 심리적인 결함을 물질적인 재화 혹은 다른 사람을 지배하는 권력으로 보상하는 모습을 지켜보면서, 후자들을 실패한 자들로 본다.

하시만 양측 모두에게는 심리적 결핍에 내한 고통과 증오심이 존재하며, 소외현상으로 인해 이를 잘 모르고 있을 뿐이다. 그러나 복수심에 불타서 '어머니' 자연을 파괴하거나 '어머니' 대지를 파괴하는 행동, 그리고 '형제들' 끼리 전쟁과 같은 싸움을 할 때는 그와 같은 마음의 상처가 어느 정도 드러난다.

—

7

Der Lilith Komplex

앞서 가는 엄마가
반드시 지켜야 할 마음자세

릴리스 콤플렉스로 설명할 수 있는 근본적인 사회·심리적 문제점의 배경과 직면해서 내가 의도하는 바는, 좀더 향상된 모성애가 필요하다는 점에 대하여 주의를 환기시키는 일이다. 따라서 중요한 것은 어머니를 모든 불행의 근원으로 낙인 찍으려는 게 아니며, 사회에 모성애적 가치들이 부족하다는 사실이다. 이로 인해 사회정의와 민주주의 발전, 그리고 안전이 위협을 받고 있으나, 불행하게도 우리는 이미 오래 전에 훌륭한 모성애를 잃어버렸거나 한번도 가져본 적이 없다.

사회에 모성애가 부족한 것은 당연히 개인의 모성애 장애와 관련이 있다. 하지만 어린 시절 자신이 마음에 상처를 입었다는 사실은 삶을 위협하는 공포를 유발하기 때문에, 일반적으로 개인은 어떤 수단을 사용해서든 그런 사실을 부인할 것이다.

모성애 장애를 입은 많은 사람들은, 사회에서 좋은 모성애가 발생할 수 없도록 무의식적으로 최선을 다할 것이다. 왜냐하면 그렇게 해야만 개인적으로 고통스러웠고 부담스러웠던 어머니의 운명을 또 다시 기억할 필요가 없고, 새롭게 체험할 필요도 없기 때문이다. '어미니 없는' 사회는 자신의 모성애 결핍을 잊게 해주었고, 사회의 불의와 병리로 인해 겪는 고통은 이보다 훨씬 더 끔찍한 고통, 즉 개인의 불행으로 얻게 된 고통을 은폐해주었던 것이다.

이 땅에 좀더 많은 모성애와 향상된 모성애가 정착하기 위해서는 물론 정치적인 의지도 필요하다. 모성애적 가치들을 공공연하게 촉진하고 모성을 법적으로 지원하기 위해서라도 말이다. 하지만 개인의 모성애 장애를 알지 못하고, 그것이 사회에 미치는 결과를 극복하거나 제한하는 책임을 개인이 떠맡지 않는다면, 정치적인 의지가 아무리 강해도 사회적인 변화를 초래할 수 없다. 때문에 나는 무엇보다 개인에게 호소하고 싶다. 개인이야말로 초기의 모성애 결핍을 발견하고 기존하는 모성애 장애를 감정적으로 소화시켜 자신의 삶에 필요한 변화에 대해 책임질 수 있는 것이다.

또한 나는 여자들에게 용기를 주고 싶다. 릴리스 콤플렉스에서 나타났듯이 모성애에는 어쩔 수 없이 한계가 있지만, 그럼에도 불구하고 여자들이 모성애의 편에 서는 용기를 가지라고 말해주고 싶다. 그리고 나는 사회에서 모성애적인 것을 장려해주기를 진정으로 바란다. 그래야 우리는 더 많은 모성애를 얻을 수 있으며, 모성애 장애도 적절한 방법으로 대처할 수 있다.

우리가 사회에서 야만적인 행동이나 사건을 접하지 않으려면, 좀더 풍부하고 엄격한 교육이 아니라, 좀더 나은 인간관계를 통해 가능한 것이다. 개인은 점점 편집증적으로 개별화되고 있는데, 이는 많은 오락거리를 제공한다고 해서 완화될 수 없다. 오히려 개인은 자신이 거절당해서 얻게 된 두려움과 충족되지 않았던 그리움을 공공연하게 말할 수 있는 분위기를 필요로 한다.

결국 개인의 폭력과 증오는 국가의 폭력이나 혹은 군사적인 조치로 물리칠 수 없으며, '어머니 같은' 태도를 통해 예방차원에서 막을 수 있을 뿐이다.

내가 왜 이 책을 쓰게 되었는지 설명하자면, 가장 중요한 동기는 개인적으로 불만족스러웠을 뿐 아니라 불행하기까지 했던 내 어머니에 대한 경험 때문이다. 그래서 나는 — 물론 나중에서야 알게 되었지만 — 정신과 의사라는 직업을 선택하게 되었다. 이 직업을 통해서 마침내 나는 이해하는 것을 배우고, 받아들이고 받아들여지며, 진정으로 인간관계를 맺고, 자신과 접촉하는 것을 더이상 수치스러워하지 않게 되었다.

이 길을 가는 도중에 내가 만난 사람들은, 모두 마음에 깊은 상처를 입거나 장애를 갖고 주눅이 든 '아이들' 이었다. 그들의 울부짖음과 눈물, 존재를 뒤흔드는 공포, 어머니의 고통에 대해 터뜨리고 싶었던 그들의 분노는, 내 마음 깊숙한 곳에 있던 욕구, 다시 말해 이런 아이들의 불행을 대변하고자 하는 욕구를 일깨워주었다. 그러므로 나는 아이들 편이며 — 결코 어머니들에게 부담주고 싶은 것이 아니라 — 아이들의 생명과 삶을 위해 책을 쓸 따름이다.

또한 나는 여자들의 불행을 듣고 매우 가슴이 아팠다. 이들 역시 나쁜 모성애의 희생자였으며, 그로 인해 얻게 된 마음의 상처를 원하지도, 알지도 못하면서 자신의 아이들에게 그대로 전해주고 있었다. 이는 여자들이 자신의 마음속에 들어 있는 나쁜 어머니상에 따라서 행동했기 때문이다. 어머니와 자신을 동일시해서 그렇든, 혹은 어머니와 다르게 살아야겠다고 결심하고 특별한 노력을 기울였지만 결국 어머니와 다를 바 없이 행동했든 말이다.

몇 년 전부터 나는 몇 명의 여자동료와 매우 가깝게 지내고 있다. 그들은 나에게 초기 마음의 상처에 대해 솔직하게 얘기해주었고 지금도 계속해주고 있다. 이 책의 초고를 읽고, 그들은 적절한 조언과 비판을 해주었고 동시에 애정을 가지고 지켜봐주었다. 만약 그들이 없었다면 이 책은 세상에 나올 수 없었을 것이다. 우리는 자신의 삶에 대해 서로를 믿고 대화를 나누었으며, 그리하여 각자 스스로의 모성애 장애를 발견하게 되었다.

특히 이들은 자신의 삶과 직업 그리고 사회에서 훌륭한 모성애의 본보기로 삼을 수 있는 사람들을 발견하지 못한 것을 괴로워했다. 그리하여 이들은 스스로를 위해서라도 훌륭한 모성애의 모델을 찾아야겠다고 결심했다. 다시 말해, 이들은 자신의 삶과 치료를 통해, 여성의 정체성과 훌륭한 모성애라 할 수 있는 요소가 무엇인지 찾아보고자 했던 것이다.

여기서 특히 세 가지 개념이 중요한 것으로 부각되었다.

임신과 출산

초경과 폐경 사이에 있는 여자들은 매우 중요한 질문과 직면하게 된다. 즉, 여자로서 나는 누구일까, 나는 임신을 할 수 있을까? 앞으로 어머니가 될 수 있는 여자들에게는 또 이런 문제가 등장한다. 나는 우리 부모님이 원해서 태어났을까? 어머니가 될 가능성은 여자들로 하여금 무의식적으로 자신이 태어나게 된 운명에 대하여 의문을 갖게 한다. 이와 같은 중요한 의문의 배후에는 임신을 할 수 있는 능력이나 임신을 어렵게 하는 장애들처럼 여러 가지 문제점들이 숨어 있다.

아이를 원하거나 가질 준비가 되어 있는 상태는, 자신이 어떻게 태어났는가 하는 문제와 아주 관련이 깊다. 원하지 않는 아이로 태어났던 여자가 임신을 하게 되면, 그녀는 자신의 운명과 상당히 깊게 대면하게 되는데, 물론 이런 사실을 본인이 의식하지는 못한다. 그리고 이런 여자는 자신의 운명을 은폐하거나 보상하기 위해 긴장된 상태에 빠지게 된다. 즉, 한편으로 낙태를 시킬 것인지 고민하게 되는데 물론 유산될 위험도 포함해서 아이를 거부하는 마음과, 다른 한편으로는 대부분의 여자들이 추구하는 모성애 사이에서 갈등하게 되는 것이다.

이처럼 '노력하는 모성애'마저 아이에게 문제를 안겨주고, 심지어 해를 끼칠 수 있다는 사실은 많은 사람들에게 비극이 아닐 수 없다.

나는 바로 이러한 점이 이 책에서 가장 중요한 부분이라고 본다. 즉, 여자는 어머니라는 존재를 창조해낼 수 있는 것이 아니라, 자신의 모성애 장애를 이해하고 감정적으로 소화시킴으로써 진정한 어머니가 될 수 있다는 것이다.

이때 가장 훌륭한 선생은 자신의 아이이다. 아이는 여자로 하여금 어머니가 되도록 가르친다. 만일 그렇게 되기 위해서, 여자가 아이를 자유롭게 풀어주고 아이를 이해하는 법을 배운다면 말이다.

출산이란 무엇보다 놓아주는 것을 의미한다! 나는 출산으로 인해 정신적인 충격을 받은 경우를 상당히 많이 보았다. 이런 일은 아이를 낳는 여자들의 어려움과 갈등 때문에 생긴다. 아무 생각 없이 임신은 했지만 어머니가 되고 싶지 않은 여자들이 참으로 많다. 이를테면 아이는 가졌지만 아이를 낳고 싶지 않은 여자들이 많다는 뜻이다. 임신은 받고, 채우고, 받아들이는 것을 의미한다. 그리고 출산을 하면 본격적으로 베풀고 보살피는 시간이 시작된다.

모성애 결핍이 있는 여자들은 출산과 더불어 아주 빨리 위기에 처하는데, 스스로 결핍상태에서 살고 있는 그녀가 아이에게 무언가를 주기 위해서 과연 어디에서 무엇을 받아야 할까? 이런 관점에서 볼 때 산욕으로 누워 있는 여자들이 우울증을 앓게 되는 경우를 쉽게 이해할 수 있다. 또한 수유의 어려움이나 수유장애의 경우도 베푸는 능력의 맥락에서 분석하면 쉽게 해결될 때가 많다.

내가 분명하게 목격했던 것은, 훌륭한 모성애란 끊임없이 무언가를 주고 베풀라고 요구하는 것이며, 이로써 어머니는 채워지지 못했던 자신의 욕구와 직면하게 된다는 사실이다.

마그레트는 다음과 같은 이야기를 해서 나를 깜짝 놀라게 했다. 그녀는 아이에게 일어나는 사소한 변화나 성장과정조차 놓치지 않고 마음에 담아 놓기 위해, 자주 잠들어 있는 아이 곁에 앉아 있다고 했다. 그리고는 자신이 아이의 성장과정을 포착하고 이를 기뻐할 겨를도 없이, 아이가 빨리 성장해버릴 것이라는 생각에 눈물을 흘렸다. 그러고 나면, 어린 시절 무슨 일을 하더라도 자신을 가로막고 창피주었던 어머니를 떠올리며 고통스러워했다.

마그레트의 어머니는 매우 소심하고 불안한 여자였다. 그래서 마그레트가 하는 일이면 무엇이든 꾸중하고 가로막으며 부정적인 주석을 달았다고 했다. 가령 이렇게 말이다. "그렇게 미친 듯이 굴지 마! 조심해! 그건 위험하다니까! 또 이렇게 설치고 다니는 거야!"

그녀의 어머니는 그녀를 똑바로 쳐다보지도 않은 채, 심각하고 불안하고 절망적인 표정으로 그런 말을 내뱉었다. 그리하여 마그레트는, 자신이 태연하고 재미있게 사는 것이 잘못되었는지도 모르며, 자신의 '비정상'이 불쌍한 어머니를 절망에 빠뜨리고 있는지도 모른다는 생각을 하기에 이르렀다.

"너는 내가 죽는 꼴을 보고 싶은 거지!" "내가 심장마비에 걸려도 놀랄 일이 아닐 거야!"라는 말들을 마그레트는 어머니로부터 여러 차례 들었고, 그녀는 이런 말들을 곧이곧대로 받아들였다. 어떻게 어린아이가 어머니는 그와 같은 말들로 가슴 아픈 마음의 상처를 표현할 뿐이라고 감히 상상할 수 있었겠는가.

어머니는 어둠, 천둥과 번개, 폭풍, 낯선 사람, 낯선 상황에 대하여 설명할 수 없을 정도로 두려워했고, 이는 딸에게 그대로 전염되었다. 그리하여 그녀도 매우 불안한 사람이 되었고, 이를 자신의 운명으로 받아들였다. 하지만 그녀는 이런 운명을 매우 수치스러워했고, 훗날 사회에 나가서도 그로 인해 무시를 당한 적이 많았다(그녀는 학교에서 겁쟁이라고 놀림을 당했고, 간호사 교육을 받을 때는 바보라는 소리를 들었으며, 결혼할 예정이었던 남자친구로부터 멍청이라고 무시당했다).

인간관계에서도 그녀는 자신을 인기 없는 사람으로 만들었다. 즉 다른 사람을 쳐다보려 하지 않았고, 상대의 말을 제대로 듣지도 않았으며, 상대로부터 비난받음으로써 자신의 불안을 감추려 했던 것이다.

삶에 대한 그녀의 기쁨은 마음속에 있는 감옥에 갇혀버렸다. 그녀는 삶의 강물 속에 즉흥적으로 자신을 내맡길 수 없었고, 항상 모든 것을 계획해야 했으며, 그냥 내버려두면 재미있는 일조차 엄격한 규정을 정해서 망쳐버리곤 했다.

하지만 그녀는 훗날 자신의 아이로부터 삶이란 흘러가는 것임을 다시 배우게 되었고, 스스로의 장애를 발견하고 이를 어린 아들에게 물려주지 않기 위해 동행해줄 사람이 필요했다.

출산이란 생명의 과정이 흘러가게 내버려둔다는 은유이기도 하다. 자연적인 것과 인간적인 것을 신뢰하며, 개인적이고 특별한 것에 호기심을 가진 아이는 사랑하는 마음으로 자신과 기꺼이 동반해줄 사람이 필요하다. 삶을 활기차게 살아가면, 삶이 제시하는 요구나 도전에 대하여 개인적이고 창의적인 대답을 할 수 있는 새로운 가능성이 열리는 법이다.

만약 아이가 자유로운 상태에서 애정을 가지고 자신을 충분히 이해해주는 어머니가 곁에 있다는 사실을 안다면, 이 아이는 새로운 것을 시험할 수 있고, 잘 알지 못하는 모험에 도전하며, 다양한 것으로부터 자극을 받을 수도 있다. 이런 사람은 정체성과 삶의 의미를 늘 새롭게 경험하고, 출산능력을 통해서, 생각과 아이디어와 창조력이 있는 자신을 세상에 자유롭게 놓아줄 수 있다는 경험을 한다. 출산은 세상을 생생하게 경험하기 위해 반드시 필요한 바탕이며, 세상을 활기 있게 만들 수 있는 출발점이다.

수유와 영양 공급

어머니는 아이에게 제일 먼저 영양분을 공급할 수 있는 특권을 향유하게 된다. 탯줄이란 어머니와 내적으로 연결되어 있으며, 어머니에게 완전히 종속되어 있다는 것을 상징한다. 즉, 어머니와 아이는 일체인 것이다. 그러므로 임신 시기에 어머니가 자신에게 행하는 일은 아이에게도 해주는 셈이 된다.

임산부인 어머니가 흡연을 하면서 자신의 모성애 중독과 충족되지 못한 그리움을 해소한다면, 그녀는 말 그대로 어머니로부터 얻은 '독'을 자신의 아이에게 전하는 결과가 된다. 또한 근심을 술로 씻어버리려 한다면, 그녀는 애초부터 자신의 심리적 고통을 아이에게 떠넘기는 것이다.

어머니는 탯줄을 통해서 태아의 성장을 좌우할 뿐 아니라, 공급하는 영양상태로 이미 자신의 태도와 입장을 전하게 된다. 즉, 자신과 아이, 그리고 아이를 보살피는 일에 대한 어머니의 입장이 아이에게 전달되는 것이다. 자발적인 수유는— 젖을 주는 행위는 탯줄을 거쳐서 강제적으로 이루어지는 영양 공급보다 어머니와 아이의 관계를 훨씬 진하게 표현한다 — 어머니의 기능 중 적극적인 영양 공급으로 아주 광범위한 의미를 갖는다.

이때 지상의 모든 영양분 가운데 최고인 모유가 공급될 뿐 아니라, 젖을 주면서 사랑, 애정, 스킨십과 같은 어머니의 감정적인 자양분도 전달되는 것이다. 또한 안전하게 보호된다는 느낌과 자신이 필요한 것을 받을 수 있다는 느낌, 이 모든 것들도 영양 공급을 할 때 함께 전달된다.

어머니의 가슴은 삶의 원천을 상징한다. 모유와 함께 사랑이 흘러들어가고, 어머니의 육체와 서로 연결되어 있다는 것을 전해주는, 한마디로 고향을 의미한다. '나는 보살핌을 받고 있어. 나는 삶에 연결되어 있고, 내가 필요한 것을 얻을 수 있어'라는 기본적이고 중요한 확신이 수유를 통해서 전달된다.

이와 정반대의 확신은 이러하다. 즉 '나는 내가 원하는 것을 받지 못해. 나는 부족함을 느끼고 있고, 어떤 식으로 내 욕구가 충족될 것인지 앞으로 지켜봐야 해. 나는 아무 것도 바랄 수 없고, 부탁할 필요도 없어. 왜냐하면 나는 아무 것도 얻을 수 없을 테니까.'

젖이 나오지 않는 가슴은 아이에게 탐욕과 체념 사이에서 절망하는 삶을 가르쳐주고, 젖이 흐르는 가슴은 확신과 만족이라는 기본적인 쾌감을 선물해주는 원천이다.

수유란 어머니의 기본적인 능력을 요구하게 되는데, 즉 주는 능력과 관련이 있다. 모성애 결핍을 경험한 어머니는 자신이 아이에게 무언가를 주어야 하는 것에 두려움을 느끼고 상당히 힘들어한다. 왜냐하면, 오히려 자신이 그것을 가지고 싶어하기 때문이다.

바로 이런 이유 때문에, 모유가 잘 나오지 않거나 혹은 가슴에 염증이 생겨서 더이상 젖을 줄 수 없게 되는 경우가 생기는 것이다. 염증 때문에 '화끈거리는' 가슴으로 어머니는 자신의 모성애 결핍에 대한 고통을 상징적으로 드러낼 수 있으며, 동시에 자신에게 젖을 빨아먹는 아이를 멀리할 수 있다.

어머니가 수유로 인해 겪는 어려운 점으로, 어머니로서의 능력에 장애가 생겼다는 것을 미루어 알 수 있듯이, '젖을 잘 먹지 않는' 아이나 '깨무는' 아이 또한 모성애에 장애가 생겼다는 표시이다.

어머니는 수유를 통해 영양분만 주는 것이 아니라, 아이에 대한 자신의 입장도 전해준다. 아이를 어떻게 생각하고 다루며, 자신은 어느 정도 인내심을 갖고 있으며, 어떻게 아이에게 애정을 표현하고 있는가 등을 말이다.

신문을 읽거나, 텔레비전을 켜놓고 대화하면서 아이에게 애정표현을 하는 태도 역시 전달된다. 아이는 자신이 부모가 원한 아이로서 사랑을 받는지, 혹은 일반적인 육아법에 따라 보살핌만 받는지, 아니면 부담스럽고 방해가 되는 존재인지, 심지어 어머니가 어렵게 구축해놓은 안전을 위협하는 존재인지, 하는 문제를 중요한 경험으로 받아들인다.

우리가 살고 있는 나르시스적인 사회에서, 흔히 여자들이 모유를 만들어내는 신체기관으로, 아이의 욕구를 충족시켜주기보다는 아름다운 육체를 계속 유지하고 싶다고 꿈꾸게 하는 것도 무리가 아니다. 이런 생각은 여성의 몸이 상품화됨으로써 더욱 장려된다.

우리 사회에서는 '아름다운 가슴'을 가지고 있는 여자에게 그에 상응하는 가치를 부여해주고 있는데, 이는 릴리스 콤플렉스로 인해 나타나는 하나의 증상으로 이해할 수 있다.

사람들은 실제로 성욕을 해소하기보다 관음증이 있는 행동과 노출적인 행동으로 축소한다. 젊고 아직 아이가 없는 육체가 문화 전체의 숭배대상이 되면서, 성적인 유혹자이자 아이를 싫어하는 릴리스적인 속성이 상품화되고, 모성애를 경멸하게 되는 것이다.

여자 역시 이런 이데올로기에 희생되는 경우가 드물지 않다. 이들은 수유를 통해서 가슴의 모습이 변형되고, 여성적인 매력을 잃게 될까봐 두려워한다. 이들은 자신의 어머니로부터 모성애 장애를 경험한 결과, 자신이 여성이라는 내적인 정체성을 확실하게 가질 수 없었기에 화장, 의상, 성형수술에 모든 것을 내건다.

수술을 통해 아름다움을 얻을 수 있다는 생각은 사회에 만연해 있는 변태적 풍조이며, 이는 릴리스 콤플렉스에 봉사하는 사고방식이기도 하다. 자신에게 존재하는 릴리스적인 부분을 받아들이고, 자신의 가치와 쾌락, 자유를 마음껏 누리며 살아갈 수 있는 여자라면 굳이 성형수술을 받지 않더라도 충분히 아름다울 것이다.

놀랍게도 우리 사회에는 모유를 주는 어머니에 대한 이해와 지원이 별로 없다. 게다가 사람들은 이런 말까지 한다.

"뭐, 아직도 젖을 준다고? 이제 그만 젖을 뗄 때가 됐지! 아니, 아이의 버릇을 나쁘게 할 셈이야?"

수유행위와 기간은 그 사회에 존재하는 계획, 질서, 효율성 따위를 숭배하는 이성적인 시대정신을 반영하게 된다. 따라서 갓난아이는 기본적인 권리도 존중받지 못한 채, 이런 시대정신에 중독되고 테러당하는 것이다.

아이의 입장에서 어머니에게 기대하는 것은 단 한 가지, 즉 어머니의 젖을 언제라도 먹을 수 있는 것이다. 아이는 자신이 먹고 싶은 양을 가장 잘 알고 있으므로, 스스로 양을 조절할 것이고, 젖을 먹으면서 자신이 필요할 때 언제라도 어머니가 안전, 보호, 사랑을 베풀어줄 사람인지를 확인받는다.

수유계획은 아이의 욕구와 상관없이 오직 어머니의 관심과 욕구에 따른 것이며, 이런 계획표는 사랑을 이성적으로 만들고, 시간에 짜여져 있는 애정만을 준다. 그러므로 순간순간 삶의 흐름은 어머니의 방해와 사회적인 강요에 의해서 구속당하게 되는 것이다. 어머니는 자신의 약점을 수유시간이라는 정해진 시간에 숨기려고 노력하며, 아이는 이처럼 주변의 막강한 권력에 눌려서 활기 있게 사는 법을 배우지 못한다.

영양을 공급하는 어머니의 능력은, 마침 아이가 모성애 결핍을 앓고 있을 때라면 정신적인 충격을 안겨줄 수도 있고, 아이에게 억지로 젖을 먹이려고 가슴을 내밀어서 모성애 중독을 아이에게 심어줄 수도 있다. 어머니는 자신이 모유를 먹인다는 사실에 지나친 의미를 부여해 아이를 힘으로 억누르고 강요함으로써, 자신의 욕구를 충족시키고자 아이를 악용한다. 말하자면 아이가 어머니의 욕구를 만족시켜주는 셈이 된다! 이로써 어머니가 아이의 삶에 봉사하는 대신, 아이가 어머니에게 봉사하는 결과가 만들어지는 것이다.

보살피고 베풀기

어머니의 베푸는 행동은 사건이 일어나게 하거나, 이해하고 용서할 수 있게 하는 엄청난 능력이다. 아이에게 성장하고 발전할 수 있는 공간을 제공하고, 어머니가 지켜보는 가운데 재미있게 실험하고 모험할 수 있는 여지를 제공한다.

"나는 너를 사랑하기 때문에, 너에게 베푸는 거란다." 이 문장은 도대체 무슨 말을 하고 있는 것인가! 아이는 스스로 자신의 활동, 관심, 호기심, 세상을 발견하는 방식, 세상을 소유하고 창의적으로 변화시키는 방식을 결정한다.

좋은 어머니란 제공하고 베풀면서 이 과정에 동참하지만, 강요하지 않고 후원만 한다. 그리고 보호와 안전을 소홀히 하지 않으면서도 아이가 자유롭게 경험하도록 내버려둔다. 스스로 포기하거나 공포심을 조장하지 않고, 아이의 의지를 존중해준다. 아이를 신뢰하므로, 아이가 원하고 행하는 것은 무엇이든 존중해주며, 그것을 자신의 경험으로 삼고자 노력한다. 아이를 가르치려 하거나, 비웃거나, 욕하거나, 주눅들게 하지 않는다. 또한 아이가 있는 그대로 이해하고 그것을 인정한다. 자신의 의견을 개입시키지 않고, 아이의 속도와 목표를 받아들이며, 이를 밀어주고 지원해준다.

이처럼 어머니의 베풀기란 적극적인 태도를 보인다. 하지만 단순히 아이가 무슨 일이든 하도록 내버려둔다는 의미가 아니다. 어머니는 아이와 늘 접촉을 하며, 아이가 도움과 지원, 충고가 필요할 때를 감지해낸다. 그러므로 베푼다는 것은 무언가 담고 있는 상태를 말한다. 즉 어머니는 통을 만들어두고 있는 것이다. 이 통 안에서 아이는 경험하고 시험할 수 있으며, 자유롭지만 보호받을 수 있고, 한계도 있다. 그리하여 넓고 위협적인 세상 속으로 들어가 길을 잃고 헤매는 경험을 할 필요가 없는 것이다.

좋은 어머니는 아이가 많은 것을 시험하고 싶어하며, 또 언젠가 그녀의 곁을 떠나야 한다는 사실을 받아들인다. 그녀는 아이가 필요로 하고 넓히고자 하는 공간을 잘 느끼며, 안정을 위해서 어떤 한계를 지어주어야 하는지도 잘 안다.

어머니의 중요한 과제는 보다 안전한 항구가 되는 것이다. 어머니는 필요하면 언제라도 아이의 곁에 있어주겠다는 확신을 주며, 언제라도 아이가 오면 정박할 수 있다는 확신을 준다.

동시에, 항구라는 표현에서 알 수 있듯이, 이 과제는 아이가 자신의 길을 갈 때 어머니는 당연히 이를 받아들인다는 의미를 포함한다. 그녀는 반대하고 두려워하며 아이를 보내서 안 되며, 자신이 어머니에게 분리되어 자신만의 정체성을 느끼고 경험하였던 그 기쁨으로 아이를 보내주어야 한다.

베푼다는 뜻에는 감정이입과 이해도 포함된다. 감정이입을 잘하고 이해를 잘하는 어머니는 아이를 비춰준다. 어머니를 통해서, 그녀의 반응을 통해서, 아이는 자신을 이해하는 법을 배우는 것이다. 어머니는 아직 희미한 아이의 느낌을 감정과 영상, 말로 통역해주고 이를 구별하는 법도 가르쳐준다. 하지만 그녀의 거울이 왜곡된다면, 혹은 그녀의 통역능력에 한계가 있다면, 아이는 더이상 자신을 어머니에게서 찾을 수 없으며 스스로를 잃어버릴 것이다.

좋은 어머니 안에서 아이는 어떤 것도 잘하거나 잘못하는 것이 없다. 아이가 하는 모든 것은 의미가 있고, 이 의미는 이해할 수 있는 것이다. 가르침, 강요, 압박을 통해서가 아니라, 감정이입과 이해를 통하여 자란 아이는 어떤 아이가 될까? 분명 나쁜 아이가 되지는 않을 것이다. 하지만 중독되거나 지속적인 결핍상태에서 사는 아이는 반드시 사악한 녀석이 될 게 뻔한데, 이는 아이가 위험에 빠진 자신에게 주의를 집중시키기 위해서이다.

만일 부모가 아이의 행동에 신경질적으로 대응하면, 이는 부모에게 한계와 장애가 있다는 증거이다. 이때 아이는 부모의 손길을 필요로 하거나, 아이가 부모에게 신경질을 부릴 수도 있다. 이로써 아이는 부모에게 이해받지 못하고 꾸중을 받아서 고통스럽다는 표시를 한다. 우리 사회에는 이런 아이들을 도와주려는 사람들이 무수히 많다. 즉 고통받은 아이의 절규를 교육, 충고, 치료, 도덕, 사랑을 통해서 완화시켜주고 잠재워주려는 사람들이다.

만일 아프지도 않은데 아이에게 의사가 진정제를 주면, 그는 신체상해와 정신손상의 이유로 고소를 당할 수 있다. 하지만 만일 누군가 위기상황에 있는 아이의 처지를 이해해준다면, 아이는 적어도 감정적으로 긴장을 풀 수 있을 것이고, 이로써 자신의 마음에 충격을 주었던 상황을 깊이 생각해볼 여지가 만들어진다. 아이들은 이해를 받아야 할 뿐, 스스로 이해해야 할 필요는 없다.

용서하는 것도 베푸는 행위에 속한다. 두려워하거나 나약하거나, 혹은 무관심과 냉담한 상태에서 용서가 나올 수 없다. 용서는 죄를 이해하고 감정적으로 소화시킨 다음에 나올 수 있는 태도이고, 또 그렇게 해야 실제로 효과적이다. 실수는 어떤 의미가 있으며, 잘못된 태도에는 어떤 의미가 있을까? 이에 대한 대답이 갈등을 성숙하게 처리하게끔 도와준다.

용서는 적극적으로 관계를 해명하려는 노력에서 나온다. 그렇게 되려면 어머니는 쓰라린 진실을 말할 수 있는 용기가 있어야 하고, 위기의 감정을 자신에게 받아들이려는 힘이 있어야 한다. 어머니는 수용하고 이해함으로써 용서하는 것이다.

현실의 세계를 변화시킬 수 있는 참된 모성애의 본질은, 부모가 아이를 원해서 가졌으며, 아이를 환영하고, 아이의 독특한 개성을 받아주고 지원해주는 경험을 아이가 가질 수 있는지에 달려 있다. 그러기 위해서 아이를 안전하게 보호해주는 행동도 필요한데, 이는 두려움을 누그러뜨리고 발전으로 향할 수 있는 사회·심리적인 공간이 되기 때문이다.

우리가 참된 모성애에 관해서 더 많이 알아야 되겠지만, 단순히 결심한다고 해서 많이 알 수 있는 것은 아니다. 중요한 것은 어머니라는 존재의 수준 혹은 품격이다. 이 역시 만들어지는 것이 아니라, 자유롭게 발전하도록 내버려두어야 한다.

이렇게 되려면 여자는 다음의 조건을 충족시켜야 한다. 즉, 자신의 모성애 결핍을 마음껏 슬퍼하고, 모성애 중독과 관련된 두려움과 증오심에서 해방되기 위해, 그러한 공간과 시간, 보호막을 가져야 한다. 그래야만 모성애가 활짝 꽃을 피우거나, 이미 존재하던 참된 모성애를 발견하여 더욱 발전할 수 있다.

어머니로부터 나오는 영양분이 실제로 자신의 존재에서 나오는 힘을 제공할 수 있다. 생명과 활력을 위해 자신의 몸을 열어서 영양소를 공급하는 것이다. 그러기 위해서는 위압감이나 망설임을 극복해야 하고, 결함을 슬퍼하며 자신의 죄를 씻어주어야 하는데, 이런 일은 심리치료를 통해서 가능하다.

출산을 사회문제로 끌어안으면 창조하는 기쁨을 얻을 수 있는데, 생명에 봉사하고, 생동적인 과정을 지원하고 장식해줌으로써, 무언가 새로운 것을 창조해낼 수 있다. 사람들은 아이를 보호하기 위해 만들어둔 경계를 허물지 않고서도 아이들에게 베풀 수 있다. 그렇게 하면 다른 생각을 가진 사람과 낯선 사람도 기회를 얻을 수 있다. 즉, 남들과 다른 점이 받아들여지고 존중될 수 있다는 뜻이다. 사람들은 "너는 나와 같지 않아. 내가 너를 이해하듯이, 너도 나를 풍부하게 해주렴!"과 같은 방식으로 말을 건넬 것이다.

만일 한 개인이 그런 수용과 인정을 경험하지 못한다면, 그것은 정말 불행한 일이 아닐 수 없다. 그리고 사회가 그와 같은 이해심을 발전시키지 않고 기본적인 모성애를 위한 조건을 향상시키지 못한다면, 그 사회 역시 끔찍한 일이 벌어질 것이다.

개인은 병들고, 병자들이 사는 사회는 파괴적인 양상을 띨 것이다. 즉, 집단은 파괴적인 열기에 도취된 채, 어린 시절에 당했던 거절의 기억은 정치 혹은 종교적인 옷을 입고 무대에 등장하게 된다. 이미 오래 전부터 개인적으로 파괴당했던 경험은 반드시 다른 사람을 파괴하려 들 것이다. 그리하여 국민 전체가 전쟁에 열광하는 일이 벌어진다! 이들은 무절제하고, 환경과 자연적인 상황을 파괴하는데 총력을 기울일 것이다. 정말 살아서는 안 되거나 혹은 재미있게 살아서는 안 될 사람은, 어린 시절의 저주를 완성시키기 위해 결국 전쟁과 파괴를 필요로 한다.

좀더 풍부하고 훌륭한 모성애를 위해 우리 모두가 책임감을 느껴야 할 것이다.

8

Der Lilith Komplex

릴리스 콤플렉스를
극복한 엄마,
행복한 아이

어머니가 된다는 것은 여자들이 맡고 있는 많은 과제 가운데 제일 중요할 뿐 아니라 가장 어려운 과제로, 마땅히 그 가치를 인정받아야 한다. 비록 이 책이 어머니가 아이에게 줄 수 있는 고통으로 가득 차 있음에도 불구하고, 여기서 내가 의도한 목표는 비난이 아니다. 개인은 물론 공동체에도 심각한 결과를 가져올 수 있는 상황들을 발견하고 이해하는데 있다.

나는 모성애를 우리 모두에게 중요한 미덕이자 사회에서 실천해야 할 행동방향으로 본다. 결국 어머니에게 무거운 부담을 덜어주고, 어머니가 맡고 있는 역할에 용기를 주며 위로해주고 싶다.

심리치료를 하면서, 나는 죄책감을 느끼는 많은 여자를 만날 수 있었다. 그들은 자신이 자식에게 했던 일이 무엇인지 깨닫게 되거나, 혹은 자식에게 잘못했다는 사실을 알게 되었을 때, 대부분의 여자들은 죄책감으로 무척 고통스러워했다.

나는 이들이 자신의 어린 시절을 기억하고, 어머니에게 어떤 장애를 입었는지 무의식에서 이끌어내는 일이 얼마나 힘든지 잘 알고 있다. 정작 이 여성들도 자신의 자식에게 모성애 장애를 일으킨 장본인이기 때문이다. 하지만 나는, 모성애 장애를 치료하고 이것을 받아들이면 엄청난 기회가 열린다고 굳게 믿는다. 이를테면, 아이의 위기상황을 보다 잘 이해하고 보살필 수 있으며, 그것에 대하여 정직하게 반응할 수 있는 힘과 용기가 생긴다는 뜻이다.

나는 대부분의 어머니가 자신이 지닌 최대한의 양심과 지식에 따라 행동하고, 가능하면 모든 일을 정확하게 잘하고자 원한다는 사실을 목격했다. 그러나 어머니가 아이를 위해 최선을 다하고자 하는 마음에서 노력하지만, 때로 아이에게 지나치게 많은 요구를 하면서 지쳐버리기도 한다. 더욱이 스스로 원해서도 아니고 자신이 그렇게 한다는 사실을 인식하지도 못한 채, 아이가 원하는 방향에서 정반대로 행동하기도 한다. 물론 가끔씩 아이가 불만을 터뜨리지만, 어머니는 미처 이해하지 못하는 것이다.

실제로 어머니는 자신이 믿고 싶은 것과 다른 원칙을 따르고, 정확하게 실행에 옮기는 사회·심리적 지식보다 무의식적인 동기와 입장이 아이에게 더 큰 영향을 줄 수 있다는 사실은, 대부분의 사람들이 잘 모르는 매우 무서운 비밀이다.

아이의 운명을 결정짓는 것은 교육이기보다 오히려 어머니 자신이 체험했던 인간관계인 것이다. 따라서 어머니들을 위한 나의 위로와 충고는 잘못되고 결핍이 있는 모성애를 비난할 뿐 아니라, 별 생각 없이 어머니가 되거나, 노력은 하지만 한계에 차 있는 어머니들에게도 비판적인 질문을 던질 것이다. 한편 진심으로 노력하는 많은 어머니들이 겪는 어려움에 대한 이해이기도 한다.

사람들이 겪는 불행의 근원을 파고들어가면, 대체로 모성애의 경험과 마주치게 된다. 바로 모성애의 결핍으로 인해 그들은 불안하게 무언가를 찾는 사람이 되었으며, 어머니에게 악용당한 경험으로 인해 증오심과 공격적인 성향을 갖게 되었다. 이런 성격 때문에 그들은 점차 자신을 쥐어뜯거나, 적당한 기회가 생기면 다른 사람들을 갈기갈기 찢어놓는다.

어떤 사람이라도 자신의 모성애 결핍을 알게 되면 이를 참아낼 수 없는데, 우리는 생존하기 위해 '좋은' 모성애가 필요할 뿐 아니라, 대부분의 어머니가 자신의 행위와 태만에 대하여 전혀 눈치채지 못하기 때문에 더욱 그러하다.

만일 여자들이 오랫동안 절망한 끝에 자신의 어머니를 기억하고, 이해하고, 느껴보려고 시도하면, 대체로 이중적인 심리적 낭떠러지로 추락하게 된다. 첫번째는 자신의 어머니의 실체로 인한 충격이고, 두번째는 자신의 모성으로 인한 충격이다.

절대로 어머니처럼 되지 말자고 골백번 맹세했지만, 자신도 다른 방식과 입장을 취했을 뿐, 결국 자신의 아이에게 어머니와 똑같은 실수를 저질렀다는 점을 깨닫게 되면, 그야말로 충격이 아닐 수 없다. 하지만 어머니들은 그런 식으로 충격받을 필요가 있고, 그렇게 하고 나면 용기 있게 진실을 받아들일 수 있다. 즉, 어머니라는 존재를 온갖 부담을 지고 있는 무거운 존재로 인식할 수 있는 것이다.

이제 여자들은 더이상 어머니를 비난하지 않게 되고, 어머니에게도 한계가 있을 수밖에 없다는 사실을 고통스럽게 받아들인다. 그러면 어머니로서의 세계가 우리 앞에 활짝 열리는데, 마침내 이 세계의 달콤한 측면과 쓸쓸한 측면을 모두 존중할 수 있게 된다.

처음 어머니는 '24시간 아이 돌보기'에 자신을 바쳤다. 아이가 언제 자신을 필요로 할지 모르기 때문에 항상 아이에게 다가갈 준비를 하고 있어야 하는데, 시도 때도 없는 아이의 요구는 어머니에게 상상도 못할 어려움으로 다가온다.

게다가 아이가 무엇을 필요로 하는지, 아이를 어떻게 충족시켜줄지, 지금 어떤 일이 일어나고 있는지, 아이를 어느 선에서 보살펴주지 않아도 되는지 등을 결정하라는 판단을 순간순간 요구받는다. 하지만 모든 어머니가 그런 것을 잘하고자 스스로 노력하는 일은 불가능한 일이 아닐 수 없다. 나는 그런 역할을 적당한 선에서 사회가 보호해주고 지원해주어야 한다고 생각한다. 그렇지 않으면 고향이자 대지인 어머니가 제대로 숨을 쉴 수 없기 때문이다.

평생에 걸쳐 결정적으로 중요한 어머니와 아이 사이의 권력투쟁(가령, 누가 결정하고, 누구에 대하여 어떻게 결정하는가), 나와 너, 그리고 제삼자 사이의 관계 가르치기, 쾌락과 좌절 사이에서 끊임없이 벌이는 협상, 어머니로서 걱정거리가 많음에도 불구하고 아이의 기쁨을 함께 나누기, 아이의 분노와 절규, 실망 등을 수용하기와 같은 과제는 사실 어머니를 조금도 쉴 수 없게 만든다.

오직 어머니만 현실과 기대 사이에는 항상 괴리가 있다는 점을 아이에게 못 박아줄 수 있다. 그러기 위해 스스로 삶과 죽음 사이에서 '천국'과 '지옥'을 잇는 다리가 되어주어야 한다.

2~3년 동안 어머니는 대부분 아이를 위해서 살아야 하고, 자신의 욕구보다 자라는 아이의 욕구를 우선 해결해주며, 어머니의 맡은 책임을 다하되 아이가 이끄는 대로 따라가는 법도 배워야 한다. 그런데 이런 행위는, 자신을 충분히 인정하며, 자신이 경험했던 모성애 결핍을 고통스럽지만 완전히 이해하는 능력을 갖춘 어머니만 해낼 수 있는 것이다.

돌보던 갓난아이가 성큼 자라, 아이가 의도적으로 어떤 목적을 가지고 무언가 요구하거나, 아이가 자신의 기대와 바람을 지속적으로 표현할 수 있고, 발달된 자아로 자신에게 중요한 것을 위해 최선을 다할 수 있을 만큼 성장해버리면, 어머니가 새로운 위기에 빠지는 것을 자주 볼 수 있다. 이제 어머니는 아이와 논쟁을 해야 하고, 기본적으로 자신의 기준에 따르겠지만, 순간적으로 무엇을 허락하고 무엇을 금지해야 할지 결정해야 하는 시기인 것이다.

이 시기의 어머니에게는 무언가를 깊이 생각할 시간적 여유가 없다. 아이는 지금 당장 어머니에게 요구하며 적절한 반응을 기대하기 때문이다. 이때 아이는 비록 이해하지 못하지만, 어머니의 반응을 통해 그 성격을 감지하게 된다. 즉 아이는 어머니가 무슨 말을 하든 상관없이, 어머니의 반응이 솔직한 것인지 숨기고 있는 것인지를 본능적으로 알아챈다는 것이다.

드물게 말과 감정 그리고 행동이 일치하는 어머니를 가진 아이는 행복하다. 이런 아이는 명확한 찬성이나 거절을 경험하며, 'Yes'와 'No'에 따라 분명하게 방향을 잡을 수 있다.

아이는 본능적으로 자신을 위해서 어머니의 약점을 이용하는 방법을 알며, 어머니가 불분명하게 나오면 자신의 쾌락을 위해서 이를 교묘하게 사용하는 법도 배우게 된다. 이렇게 되면 결과적으로 아이는 비싼 대가를 치르게 된다. 즉 어머니는 점차 아이의 과도한 요구에 실망하게 되며, 정신적으로 지치게 된다. 반면 죄책감도 느끼는데, 이는 결국 어머니의 불안을 증폭시키는 결과를 가져온다.

이렇듯 어머니는 일이 어떻게 되어가는지 제대로 이해하지도 못한 채, 또 주변의 도움도 부족한 상태에서 아이의 욕구와 마주치게 되는 것이다. 만약 아이의 욕구가 충족되지 않을 경우, 아이는 점점 더 요구하고, 괴로워하고, 병적으로 그것을 찾게 되어, 결국 어머니는 어머니로서의 역할에 흥미와 자신감을 잃어버리고 점점 괴로움에 빠져들게 된다.

환자, 정신지체아, 노인을 다루는 태도를 보면 그 사회의 성숙도를 알 수 있다. 이와 마찬가지로 아이를 키우고 교육시키는 어머니의 역할은, 한 사회가 모성애에 대한 가치평가를 어떻게 하는지에 따라 결정적으로 달라진다.

9

Der Lilith Komplex

진실로 좋은 엄마가
되기 위한 조건

지금까지 나는 좀더 나은 모성애를 위해 열심히 얘기해 왔
지만, 참된 모성애를 위한 현실이 수많은 한계와 장애, 억압을 안고
있다는 사실을 모를 정도로 몽상가는 아니다. 수많은 현실적 장벽에
도 불구하고, 우리는 희망이나 이상을 추구하는 노력을 계속 해야 한
다. 그럴 만한 가치가 충분히 있기 때문이다.

희망이나 이상이 실제의 행동과 감정을 수정할 수 있는 수단으로서
가치가 있다는 말이다. 인간의 쾌락원칙, 다시 말해 인간의 욕구를
즉시 그리고 충분히 만족시켜주어야 한다는 원칙은, 현실의 원칙, 즉
현재 가능한 만큼의 쾌락과 만족만 얻을 수 있다는 원칙과 영원히 경
쟁관계에 놓여 있다.

이때 우리 인간의 요구와 사회적으로 주어지는 조건은 자연스럽게
충돌하면서 경계선을 만든다. 유감스럽게도 현실원칙은, 사람들에게
쾌락이 사라지게 하거나, 의미가 왜곡되어 나타날 수 있을 만큼 비정
상적인 모습일 수도 있다.

비정상적인 사회란, 정치권력을 쥔 소수의 비정상적인 인물이 다수의 건전한 시민들에게 강요할 수 있는 것이 아니다. 이것은 수천만의 시민, 즉 동조자들이 만들어내는 것이나. 인간에게는 늘 초기관계를 다시 반복하려는 무의식적인 욕구가 있으며, 자신들의 내적인 기형이나 상처에 부응하는 외적인 상태를 만들고자 하는 욕구가 강하기 때문이다.

그리하여 이들은 사회제도 가운데 충분한 역할을 하지 못하는 기관, 그러니까 '어머니 같은' 역할을 충분히 해내지 못하는 기관들에 불평을 터뜨리고, 그들에 맞서 치열한 투쟁을 벌이기도 한다.

이때 사람들은 자신의 마음속에 숨겨진 진실을 전혀 내색하지 않는다. 정부, 관료, 정당, 교회 등을 비난하는 것이 어머니에 대한 정신적 실망을 깨닫고, 그로 인해 고통당하는 것보다 훨씬 수월하다. 사회보장에 대한 희망, 전지전능의 신화로 무장한 의학, 종교 안에서 구원받기, 이 모든 것들은 제대로 채워지지 못한 초기의 모성애 결핍이 비이성적으로 나타난 결과들이다.

이성적인 것을 감정적인 것 위에 세워두고, 연대보다는 투쟁을 우위에 두며, 순환보다는 끊임없는 성장을, 그리고 돈을 인간의 욕구보다 더 높은 곳에 두는 세상은, 감정을 경멸하고 통제해야 하고, 감정을 대신해주는 대용품을 필요로 한다.

인간의 감정 즉, 분노, 고통, 비애, 기쁨 등은 두 가지 중요한 기능을 한다. 사람은 감정을 통해 자신의 상태를 얘기하고, 다른 사람에게 도움이나 배려를 기대한다는 신호를 보낸다. 혼자서는 아무 것도 할 수 없는 아이는 울음, 고함, 발버둥, 구토, 웃음, 미소를 통하여 자신의 상태를 밖으로 표현할 수밖에 없다. 아이는 자신에게 필요한 것이 무엇인지 들어주고 이해해주기를 바란다.

'어서 와서 나를 도와주세요. 내가 필요한 것을 갖다주고, 나를 보살펴주고, 나를 소홀히 하거나 혼자 내버려두지 말아요. 나에게 상처나 모욕을 주지 말고, 나와 얘기하고, 나를 따뜻하게 해주고 보호해주세요. 나에게 안정과 위로를 주고, 내 호기심을 받아들여주세요. 기쁨을 함께하고, 나에게 관심을 가져주고, 나와 내 경험을 인정해주세요. 나에게 자극을 주고 에너지를 주세요. 나도 끼워주고 반대도 할 수 있도록 허락해주세요.'

아이들의 울음이나 웃음이 얼마나 다양한 뜻을 내포하고 있는지 보여주기 위해, 여러 가지 기대나 욕구를 나열해보았다. 이때 어머니는 아이의 울음소리나 웃음소리를 적절하게 알아차리고, 통역하고, 이에 반응해야 한다. 하지만 어머니는 그것이 가능한 상태임을 자신이 알고 있을 때라야 그렇게 할 수 있다.

다시 말해, 자신의 경험이나 지식에 의해 아이가 원하는 것을 알 수 있어야 한다는 뜻이다. 따라서 이때 어머니가 가진 풍부한 경험과 다양한 욕구, 그리고 솔직한 감정이 관건이 될 것이다. 어머니는 자신이 체험하지 못했거나, 자신에게 금지되었던 것을 아이에게서 인지할 수는 없다.

결과적으로 어머니가 간과하고, 이해하지 못하고, 반응하지 않으면 아이를 혼자 내버려두는 결과가 되며, 아이는 자신과도 접촉하지 못한다. 왜냐하면, 아이의 감정표현은 어머니의 대답이 있어야 목표가 완성되는데, 이를 인지하고 긍정해주는 사람인 어머니가 곁에 없기 때문이다.

사람은 말하는 법을 배우는 것처럼 느끼는 법도 배운다. 이때 주변 환경에서 다양한 반응과 일체감을 얻어야 하는데, 무엇보다 자신의 어머니로부터 그런 것을 얻어야 한다.

인간에게 두번째로 중요한 감정의 기능은 긴장해소 능력이다. 즉, 감정은 긴장을 해소시켜준다. 현안이 되고 있는 욕구가 충족되지 않을 경우, 예를 들어 불쾌함이 남아 있을 때 이를 감정적으로 잘 표현하면, 우리는 홀가분한 기분을 느낄 수 있다. 신체와 관련하여 심리를 치료하다 보면, 감정표현은 이처럼 몸 전체의 긴장을 풀어주는 효과가 있다는 것을 알 수 있다.

우리는 감정학 혹은 감정교육이 하나의 학과목이 되도록 적극적인 운동을 펼칠 수도 있다. 그만큼 중요하다는 뜻이다. 또한 감정적인 면이 약하거나 실패한 것으로 무시당하지 않도록 신경 써야 하며, 감정이 문학에서 묘사나 하는 기술 내지 '히스테리성' 여자만의 전유물로 낙인 찍히지 않도록 신경 써야 한다.

의도적이고, 진실하지 않으며, 과장된 감정은 좋은 효과를 불러오지 못할 뿐더러, 누구에게도 진정으로 전달되지 않으며, 심지어 역겹기까지 하다. 반대로 진솔한 감정은, 타인에게 잘 전해지며 감동적이기까지 하다. 때문에 감정을 표현하는데 장애가 있는 사람들은 이런 진실한 감정을 두려워하거나 경멸한다.

모든 어머니는 임신하기 전에, 후에 어머니가 되기 위한 가장 중요한 준비과정으로 '감정학교'에 다닐 수 있어야 한다. 이 학교에서 이들은 자신에게 존재하는 경직된 감정과 분열된 감정을 분석할 수 있을 것이다. 만일 이 감정학교를 통해, 적어도 어머니가 아이에게 감정을 허락해야 한다는 사실을 배우게 되고, 자신의 범위 안에서 아이의 감정을 이해하고 적절하게 대답할 능력을 키운다면, 이는 대단한 성과가 아닐 수 없다.

　어른들이 범하는 실수 가운데 가장 흔한 실수는, 울고 소리 지르는 아이를 가능하면 빨리 달래거나 위로하려고 드는 것이다. 이는 아이가 하는 말을 가로막고, 아이가 나름대로 힘든 상황을 소화시키고 있는 것을 막아버리는 행위이다.

　그런데 어머니가 우는 아이를 달랠 때, 아이를 억압하지 않고 감정표현을 그대로 받아주는 경우는 매우 드물다. 어릴 적에 모두들 겪었겠지만, 어른들은 우는 아이를 달래거나 그치게 하는 여러 가지 작전을 알고 있다(괜찮다니까 그러네! 하나도 안 아파! 자, 뚝 그치면 사탕줄게. 그렇게 큰소리로 울지 마, 제발! 사람들이 도대체 어떻게 생각하겠니? 부끄럽지도 않아? 제발 진정해라!).

　아홉 살짜리 요하네스는 치과의사가 울지 말라고 야단쳤을 때, 손으로 의사가 들고 있던 드릴을 막았다. 그러자 의사는 어머니에게 아이를 좀 잡아달라고 요구했다. 그렇게 해야 치료할 수 있다면서 말이다. 하지만 요하네스의 어머니는 아이의 고통과 자신을 보호하려는 아이의 행동을 이해했기에, 요하네스에게 엄마를 꼭 붙드는 게 어떠냐고 제안했다. 그녀는 아이가 처한 위기상황을 꼼짝하지 못하도록 아이를 붙듦으로써 더 큰 위기로 몰고 가는 대신, 아이를 충분히 이해하고 의지할 힘이 되어주었다.

"그래, 아플 거야. 어쩌겠니? 슬퍼해도 된다. 화를 내도 돼"라고 말하는, 그런 어머니의 입장을 이해해주는 분위기는 아직 우리 문화에서 찾아보기 드물다.

하지만 우리가 살아가는 일상의 문화 속에 존재하는 이러한 제한 때문에 오늘날 우리의 부모, 특히 어머니들이 괴로워해야 하고, 어쩔 수 없이 아이에게 마음의 상처를 주게 되는 것이다. 따라서 감정표현의 자유를 지금보다 더 많이 주면 그런 제한이 조금씩 완화될 수 있을 것이다.

아이를 그대로 내버려두면 너무 시끄럽고, 다른 사람에게 부담을 주며, 어른들을 방해하므로 필시 갈등이 생길 거라는 말이 맞기는 하다. 하지만 모든 격정과 비애, 고통을 허용할 수 있다고 전제한다면, 다양한 욕구와 의견을 둘러싸고 벌어지는 논쟁은 개인의 발전을 위해서 반드시 필요하다.

우리 인간이 감정을 느끼거나 느끼지 않겠다고 선택할 수는 없다. 감정이란 사람이 살아가는 과정에서 나오는 자연스럽고 불가피한 표현인 것이다. 우리는 우리의 감정을 단지 자제하거나 통제하고, 분출하거나 자유롭게 표현할 수밖에 없다. 감정을 통제하거나 분출하는 두 가지 능력은 개인의 건강과 성숙한 사회를 위해서 반드시 필요하다. 이것 혹은 저것을 선택하는 능력 또한 마찬가지다.

모든 사람은 언제라도, 지금 자신이 무엇을 느끼고 어떻게 느끼는 지 질문할 수 있다. 그러면 항상 대답이 있어야겠지만, 우리는 이에 대해 충분히 배우지 못했다.

불행하게도 우리는 감정을 잘 다스리는 사람을 특별히 용감하고 강한 사람으로 인정하고 있지만, 사실은 정반대이다. 감정을 지배한다는 것은, 심리적인 나약함이나 장애를 입은 자의식으로 인해 나타나는 증상이다. 한마디로 진실을 느낄 수 있는 용기와 힘이 사라졌기 때문에, 즉 불쾌한 것, 곤혹스러운 일, 수치스럽고 고통스러운 일을 애써 외면하는 것이다.

이렇게 되면 사람들은 진정으로 강한 것이 아니라 거짓으로 강한 것을 숭배하는 문화에 사로잡히게 되고, 개인은 자신의 진정한 심리적 상태를 고려하지 않은 채 외부에서 정하는 대로 따라간다. 그리고 이를 스스로 잘 인지하지 못하는 사람은 타인의 지도와 충고에 종속되기 마련이다. 그리하여 온갖 장난의 대상이 되거나, 다른 사람의 이익에 희생당하게 될 것이다.

10

Der Lilith Komplex

이브와 릴리스의 결합,
아이의 넉넉한 미래

오늘날까지도 릴리스는 기독교 문화에서 추방되어 있거나 혹은 이민을 가서 돌아오지 않고 있다. 그녀는 단편적으로 우리에게 살아 있지만, 이처럼 단편적인 부분조차도 격렬한 투쟁으로 획득해야 한다. 그렇지 않으면 금지당하거나 문제시된다.

매춘의 경우 '릴리스들'은 성적인 매력을 한껏 꽃 피우고 있고, 여성해방운동에서 '릴리스'는 자신의 동등권을 위해 싸우고 있으며, 때로 직장에서 성공한 여성들의 경우 아이를 갖지 않는 선택을 기꺼이 받아들인다.

이와 같이 금기시되거나 억압된 채로 존재하는 부분적인 여성성이 사실은 모든 여성의 속성으로 통합되어야 마땅하지만, 이 일은 좀처럼 이루어지지 않고 있다. 하지만 좀더 나은 모성애를 위해서는 반드시 그렇게 되어야 한다.

여자들이 이브와 릴리스적인 측면을 통합하면, 우리는 모성애 장애를 일으키는 중요한 원인을 막을 수 있다. 이것은 그동안 억압되었던 여성의 능력을 획기적으로 해방시키는 일이며, 릴리스 콤플렉스와 관련되어 우리 문화에서 터부시했던 세 가지 견해이다.

차이점을 인정하되, 남자와 동등한 시민이며 동등한 가치가 있다는 자의식

이런 자존심이 있는 어머니가 아이에게도 역시 존중받을 만한 가치관을 전해준다. 릴리스를 통합한 어머니는 아이의 삶을 인정해주고, 유일무이한 그의 존재가치를 인정해주며, 아이의 성별을 받아들인다. 이런 방식으로 남자아이 혹은 여자아이는 자신에게 만족하며 안정된 정체성을 얻게 된다. 이런 어머니의 인정이 없으면, 아이는 평생 결핍된 상태로 살아가게 된다.

특별히 아름다워지려고 하거나 대단한 성공이나 막강한 권력을 얻으려고 노력하는 사람들은, 어릴 적 자신의 어머니에게 얻지 못했던 존재가치를 나중에 그런 방식으로 획득하기 위해 절망적인 모험을 하는 사람들이다.

그러나 이런 시도는 절대로 완벽하게 성공할 수 없다. 만에 하나 성공한다 하더라도, 이는 외적으로 인정받을 뿐이지, 자기존재에 대한 의심을 말끔하게 제거해주지는 못한다. 금메달을 따거나 상을 받거나, 혹은 그밖의 형태로 사회적인 명성을 얻어서 이를 향유한다 해도, 자신이 진정으로 사랑받고 있다는 확신은 절대로 얻을 수 없는 것이다.

이처럼 모성애 결핍을 겪은 사람은 유년시절에 어머니로부터 인정을 받지 못한 사람으로, 훗날 어떤 외적인 성공으로도 만족하지 못한다. 오직 어머니를 통해서 자신의 가치를 확인할 수 있어야 이처럼 중독된 삶을 살지 않고, 성인이 되어 세상으로부터 받을 수 있는 온갖 모욕과 무시도 극복할 수 있다.

성적인 즐거움을 적극적으로 만드는 능력

이는 자유롭게 놓아주고, 에너지를 출렁이게 하고, 표현하는 능력을 통해 스스로 쾌락을 만들 수 있는 여자의 능력에 관한 문제이다. 자위행위는 반드시 배워야 하는 단계이다. 그래야 스스로 오르가슴에 책임감을 느끼고 배우자에게 부담감을 주지 않을 수 있다.

남편은 스스로 쾌락의 파도에 '갇혀 있을' 수 있다. 그리고 몇 가지 방법으로 아내의 흥분을 고조시키고, 정성을 다해 아내가 최정상의 느낌을 분출하도록 도와줄 수는 있다.

남편이 함께 흥분할 수도 있지만, 결국 그는 자신의 오르가슴에 몰두하게 된다. 따라서 여자가 릴리스를 인정하게 되면, 성생활에 대한 만족, 쾌감을 느낄 수 있는 방법, 남편과 오르가슴의 일치 등이 여자에게 달려 있게 된다.

독자적으로 쾌감을 느낄 수 있는 능력은, 어린 시절의 종속에서 해방되어 자율권을 얻을 수 있는 중요한 힘이다. 그러면 더이상 남편에게만 만족을 기대하지 않고, 그와 함께 즐거움의 경험을 좀더 넓고 깊게 할 수 있다.

어머니 거부하기 — 어머니가 되면 자신의
발전에 방해되고, 자유롭지 못하므로……

아이를 기피하는 성향은 출산과 육아가 어머니에게 지나치게 많은 부담을 주기 때문에 생기는 것이다. 거의 하루종일 아이를 위해 살아야 하는 일은 모든 어머니에게 부담이 아닐 수 없다. 아이가 원하는 것을 알아차리고, 가능하면 이를 적절한 시간에 만족시켜주어야 하며, 이러다 보니 자신의 욕구와 관심에 대해서는 소홀해질 수밖에 없다.

따라서 아이를 거절하고 아이에 대해 공격적인 느낌을 갖는 것은 지극히 정상적인 반응이지만, 그럼에도 불구하고 여자들은 과도한 부담과 함께 절망감을 느낀다.

릴리스적인 측면은 육체적 · 감정적 · 사회적으로 어머니에게 주어지는 부담이 과도하다는 점을 인정하며, 도움받아야 할 어머니의 권리, 아이를 돌보는 중에도 자신만의 '작전타임'을 가질 권리, 오로지 어머니로서 존재하는 것이 아니라 때로는 여자로서, 아내로서, 이기적인 인간으로서 살고 싶은 권리를 인정한다.

어머니로서의 자신감 부족과 불가피하게 아이를 싫어하는 성향은 고통스럽고도 쓰라린 경험이며, 성적인 쾌락에 대하여 스스로 책임지는 일 또한 어려운 일이 아닐 수 없다. 그러므로 릴리스를 통합하는 일, 즉 릴리스 콤플렉스를 극복하려면 용감한 자아인식이 필요하다. 부담스럽지만 이것을 감정적으로 받아들여야 하고, 자신을 스스

281

로 돌보는 방법을 배우겠다는 자세도 필요하다.

이런 노력을 통해 이브와 릴리스를 통합한 여자는 모성애의 한계를 수용할 수 있게 된다. 그녀는 절망적인 마음의 상처를 견뎌낼 수 있고, 책임을 떠맡을 수 있으며, 모성애 중독을 피할 수 있다.

한편 모성애 결핍은, 줄일 수는 있지만 완전히 극복할 수 있는 현실이 아니다. 그러나 아이에게 솔직하고, 아이가 겪는 고통을 받아들임으로써, 그 결과를 상당 부분 완화시킬 수는 있다.

이렇듯 우리는 '이상적인 어머니'라는 모델을 머릿속에 그려서는 안 되며, 오히려 릴리스를 받아들임으로써 만족스러운 부부관계, 즐거운 성생활, 그리고 인간적인 모성애를 자주, 경우에 따라서는 날마다 실천할 수 있게 된다.

만일 여자들이 자신에게 존재하는 릴리스적인 부분으로 인해 몸부림치다가 잘못된 모성애를 발견하고 움츠려들게 되면, 일반적으로 남편과 아이들은 심각한 위기를 맞게 된다. 그렇게 되면 지금까지 그녀에게 요구해왔던 '어머니의 모습'은 의미를 잃어버리게 된다. 여태껏 불완전한 조건 위에서 어머니와 아이가 관계를 맺어왔기 때문이다.

그동안 어머니를 '행복하게' 해주기 위하여 아이가 배워야만 했던 모든 것들이 이제는 아무런 가치가 없게 된다. 그러면 아이는 혼돈에 빠지는데, 바로 어머니를 위하여 바치는 노력이 아이가 살아야 했던 생존 이유와 관련되어 있기 때문이다. 지금껏 어머니는 아이에게 이렇게 말해왔던 것이다.

"만일 네가 어떻게 한다면, 나는 너를 사랑할 거야." "네가 그 일을 하면 내가 기뻐하겠지만, 그렇지 않고 다른 일을 한다면 너는 내 안중에 없을 줄 알어!"

어머니가 심경변화를 겪음으로써 좀더 솔직하고 진실된 관계를 맺을 가능성이 커졌지만, 이 어머니의 변화가 처음에는 아이들과 남편을 불안하게 만든다. 그러나 시간이 지나면 아이는 풍부한 이해력으로 어머니가 자신과 동반해주기를 원하고, 자신의 감정을 스스로 추스리며, 좀더 자유로운 인간관계를 맺도록 엄마가 도와주기를 기대한다. 남편은 자신의 여성상과 어머니상을 수정해야 하는데, 이것은 그가 자신의 모성애 장애를 파악하고 이해하며, 릴리스에 대한 두려움을 극복해야만 가능한 일이다.

이를 통해 알 수 있듯이, 좀더 나은 모성애를 위한 노력은 단지 여자들만의 과제가 아니라 남자들의 과제이기도 하다. 우리 사회에 진정한 모성애에 대한 인식이 널리 알려지고, 공감대가 형성되는 일은 우리 모두에게 매우 소중하기 때문이다.

사회·심리적인 건강과 행복은 미래를 위하여 아주 중요하고 효율적인 투자이다. 그러기 위해서는 어머니가 될 준비, 아버지가 될 준비, 부모가 될 준비를 잘해야 하며, 자연스럽고 편안한 방법으로 출산할 수 있어야 하고, 특별한 이유가 없는 한 어머니와 아이를 생후 3년까지는 떼어놓지 말아야 한다.

이 기간 동안, 아이에게는 교육이 아니라 인간관계를 제공해야 하고, 학교와 성인을 위한 재교육센터에서는 감정과 인간관계, 부부관

283

계, 성생활 등을 가르쳐야 한다.

이 모든 것에는 무엇보다 모성애의 의미와 인간관계에 대한 현안이 중심이 되어야 할 것이다. 아이들의 욕구를 진심으로 이해할 때, 우리의 육아와 교육은 혁명적으로 변화될 수 있으며, 정치적인 면에서도 권력만 쥐고 있는 늙은 남자들이 마침내 이해의 정치, 즉 '어머니의' 정치를 통해 무대 뒤로 퇴장할 수 있을 것이다.

다수에 의한 민주주의적 권력은 마음에 상처 입은 대중의 손에 들어갈 수 있지만, 그와 전혀 다른 문화로 발전할 수도 있다. 다시 말해 반대하는 목소리를 더이상 거부하지 않고 이해하도록 하며, 소수의 의견을 무시하는 것이 아니라, 우리 무의식의 일부분으로 받아들여 전체를 통합하는 문화로 발전할 수 있다.

또한 참되고 훌륭한 모성애는 자본주의의 파괴적인 성격에 금을 그어줄 수 있다. 즉, 제일 강한 자만이 자신의 뜻을 관철시키는 것이 아니라, 약자들의 가치도 인정받을 수 있어야 한다. 그리고 개인은 자신의 행복을 오로지 혼자 만드는 것이 아니라, 사회 전체가 함께 노력함으로써 개인의 행복까지 창조할 수 있는 문화가 자리잡을 것이다. 세상은 더이상 좋은 사람과 나쁜 사람으로 나뉘지 않고, 각자는 선과 악을 동시에 자신의 내면에게 발견하며, 사회 · 심리적 맥락 속에서 사물과 관계를 이해할 수 있게 될 것이다.

원하든 원하지 않든, 우리 모두는 세계화의 물결에 던.....져지고, 정치나 권력에 행사할 수 있는 영향력도 한정되어 있으며, 환경과 사회에 어쩔 수 없이 종속되어야 하는 상황을 나는 반대한다. 나는 개인의 자유와 책임도 매우 소중하다고 강조한다.

이는 자신의 불행이나 타인의 불행에 대하여 '어머니처럼' 안아주는 문화, 즉 사적이고 인간적인 관계, 상대방 말의 경청, 감정이입 (상대방의 입장이 되어 느끼기), 이해하고자 하는 마음, 자유로운 감정 표현을 통해서 가능할 것이다. 참된 모성애를 베푸는 어머니 밑에서 자란 자녀만이 보여줄 수 있는 이 넉넉한 행동이 세상을 더욱 아름답고 살맛나게 해줄 것이다. 그리고 대를 이어 영원히 지속되는 우리의 불행을 막아줄 것이다.

Brandwein - Stürmer, Dorit : Die Archäologie der Seele, in :
    Welt am Sonntag, Nr. 18 v. 30. April 2000, S. 33 - 44.
Dornes, Martin : Der kompetente Säugling. Die präverbale
    Entwicklung des Menschen. S. Fischer Taschenbuch
    Verlag : Frankfurt / Main 1993 (9. Aufl. 1998).
Dornes, Martin : Die frühe Kindheit, Entwicklungspsycho -
    logie der frühen Lebensjahrzehnte. S. Fischer Taschen -
    buch Verlag : Frankfurt / Main 199/(2. Auful. 1998).
Freud, Sigmund : Studienausgabe, Bd. V : Sexualleben. S.
    Fischer Verlag : Frankfuert / Main 1972.
Hurwitz, Siegmund : Lilith. Daimon - Verlag : Einsiedeln 4.
    Aufl. 1998.
Koltur, Barbara : Lilith. Verlag Rita Ruther : Berlin 1994.
Maaz, Hans - Joachim : Der Gefühlsstau - ein Psychogramm
    der DDR. Argon - Verlag, Berlin 1990.
Maaz, Hans - Joachim : Das gestürzte Volk - die unglückliche
    Einheit. Argon - Verlag, Berlin 1992.
Maaz, Hans - Joachim : Die politische Wende in der DDR
    und der deutsche Vereinigungsprozeß als Trauma und
    konflikt in : Trauma und Konflikt, Psychosozial - Verlag :
    Gießen 1988.
Pielow, Dorothee : Lilith und ihre Schwestern. Grupel -
    lo - Verlag : Düsseldorf 1998.
Reich, Wilhelm : Die Entdeckung des Orgasmus. I - Die
    Funktion des Orgasmus, S. Fischer Taschenbuch Ver -
    lag, Frankfurt / Main 1972.
Stern, Daniel N. : The Motherhood Constellation : A Uni -
    fied View of Parent - Infant Psychotherapy. Basic Books,
    New York 1995.
Zingsem, Vera : Lilith, Adams erste Frau. Verlag Klöpfer und
    Meyer : München 1999.

모성애와 토마토에 바침

나는 개인적으로 토마토를 매우 좋아한다. 특히 여름이면 토마토 주스를 매일 한 병씩 마시기도 하고, 싱싱한 토마토를 강판에 갈아 꿀을 넣어 마시는 것도 좋아한다.

어느 날이었다. 공중파 방송의 한 텔레비전 프로그램에 등장한 의사가 어떤 질병에 관하여 설명을 한 다음, 몸에 좋다며 토마토를 적극적으로 권장하는 것이었다. 이때부터 토마토의 인기가 하늘 높은 줄 모르고 치솟더니, 마침내 상한가를 치게 되었다. 여태껏 토마토의 가격은 내릴 기미조차 보이지 않는다.

이렇듯 의사들은 토마토의 가격을 올리는 신기한 능력이 있을 뿐 아니라, 책의 저자로 등장하여 독자들에게 부담을 줄 때도 많다. 예를 들어 정신과 의사들은 어떤 병에 대하여 장황하게 설명하다가, 결국 병원에 와서 치료받으라는 식으로 흔히 말하기 때문이다. 그런데 이 책의 저자인 한스 요아힘 마츠 박사는 그렇게 말하지 않는다.

이 책을 읽는 대부분의 독자는 병원에 가서 치료를 받아야겠다고 생각하기보다, 지금껏 옳다고 믿었던 원칙이나 지식이 와르르 무너지는 경험을 엄청 했을 것이다. 자연스레 나의 어머니, 나의 아이, 나의 남편, 나의 아내, 나의 형제나 친구들을 떠올리며 이 책을 읽었을 것이다.

이 책은 우리가 맺고 있는 인간관계 가운데 가장 소중한 관계들을 새로이 해석하고 이해할 수 있게 해준다. 뿐만 아니라 마츠 박사는 릴리스 콤플렉스를 통하여 남녀관계나 부부관계뿐 아니라, 사회 전반에서 일어나는 문제를 설명해주고 있다.

요컨대 여자는 원래 이브와 릴리스의 두 측면을 모두 지니고 있지만, 그동안 릴리스적인 측면을 억압하고 무시함으로써 개인의 불행은 물론 사회 전체가 노이로제 상태에 빠지게 되었다는 것이다.

심지어 저자는 독일의 통일 과정과 그 이후에 대해서도 날카로운 심리분석의 메스로 수술하고 있다. 만일 그의 진단이 엉뚱하거나 어눌했더라면, 도도한 독일사람들이 동독 출신인 마츠 박사를 베스트셀러 저자로 만들어주지 않았을 것이다.

굳이 따지자면, 우리 나라는 기독교 문화가 아닌 까닭에 릴리스(Lilith)라는 여인이 생소할지 모른다. 그렇다고 하더라도 문제될 것은 없다. 남녀 동등권을 요구하고, 아이를 낳고 키우는 일을 당연하게 여기지 않으며, 성적으로 능동적인 여자를 대변하는 상징으로 이 릴리스라는 신화적 여성을 받아들이면 된다. 요즘 우리 주변에서 어렵지 않게 볼 수 있는 이런 여성들이 유별나고 특별한 여자가 아니다. 모든 여성에게는 이 릴리스적인 측면이 있는 것이다.

마시막으로, 저사 나츠는 감정의 소중함을 강조한다. 깁정은 여자에게만 해당되는 특징이 아니라, 건강한 사회가 되기 위해서는 모든 사람들이 진실한 감정을 표현할 줄 알아야 한다고 주장한다.

우리 사회 역시 자신의 감정을 솔직하게 토로하는 남자보다 과묵한 스타일의 남자를 선호한다. 그래서 어떤 감정이든 이를 억제하는 편이 좋다고 배운 남자들은 감정을 건강하게 분출하는 방법을 몰라 근엄하게 행동하다가, 어느 순간 병적인 형태로 감정을 배설해버리곤 한다.

이 책을 번역한 옮긴이로서 바라는 것이 있다. 토마토처럼 감정의 표현이 우리 몸에 좋다는 인식이 생겼으면 좋겠다. 자연스럽게 감정을 표현하는 문화가 허용되면, 상대가 나와 다르다는 이유로 그를 비방하거나 적대적으로 대하기보다, 그를 인정하고 이해해주는 사회 분위기가 될 수 있지 않을까.

2007년 4월

이미옥

옮긴이 이미옥

경북대에서 독문학을 공부하고
독일 괴팅겐대에서 석사,
경북대에서 독문학 박사학위를 받았다.
중잉대에서 강의했으며, 지금은 전문번역가로 활동중.
장편소설 『바람개비』를 출간하였고,
옮긴 책으로는 『게임오버』 『하루를 살아도 행복하게』
『유혹하는 본능』 『잡노마드 사회』 『전형적인 미국인』 『성장의 종말』
『아시아의 세기』 『우울의 늪을 건너는 법』 등이 있다.

엄마의 마음자세가 아이의 인생을 결정한다

릴리스 콤플렉스 극복하기

펴낸날   2007년 4월 20일 1쇄 발행
2007년 5월 25일 2쇄 발행

지은이   한스 요아힘 마츠
옮긴이   이미옥

펴낸이   김혜숙
펴낸곳   도서출판 참솔
등록번호   제8 - 244호
주소   121 - 718 서울시 마포구 공덕동 404 풍림빌딩 521호
대표전화   3273 - 6323
팩시밀리   3273 - 6329
이메일   charmsoul@charmsoul.com

값   9,700 원
ISBN 978-89-88430-50-7 03590